Delicious
Bread

面包的创新风味美学

张锡源◎著

中国轻工业出版社

推荐序

FOREWORD

从第一次和锡源老师合作到现在已超过5年，每次合作的过程中，深深地感受到老师的专业与敬业，无论是线下课程或线上直播，以及疫情期间与老师合作的公益咖啡贝果制作活动，对于品质绝对不妥协的态度，让我打从心底敬佩！老师的教学浅显易懂，除了让学生做出成品，并了解烘焙的逻辑，回家后还可以试着调整个人喜欢的风味。

书中收录广受学生欢迎的品类，搭配细致的图文描述，是一本非常实用的烘焙工具书。我问老师这样的初衷是什么，他说：“我一直都在做新尝试，经验累积过程中都会加入不同的养分，只希望可以满足读者的需要。”

万记贸易公司白美娜行销经理 Abigail L

第一次和张锡源老师见面是在我经营的料理烘焙教室，印象深刻，当天他穿着整齐又干净，制作面包时更让我刮目相看，有条不紊地制作面包的同时环境随时都非常整洁，忙碌整天后全身依然干净无脏污，颠覆了当时我对面包教学者的印象，没想到做面包也可以如此优雅。在多次合作的过程中，发现他对于面包的极致追求，不断地研发与精进面包知识和技术，不骄不馁的态度，使他的作品越来越好，总是能开发出与教学市场上不一样的课程，深受学生的喜爱，持续跟随课程上课。

几年前就知道一直有人找他出版有关面包制作的书，但因为忙碌抽不出时间，所以这次知道老师的有关面包制作的书即将上市，替他感到高兴不已。这本书除了家庭烘焙者必备之外，专业面包师更值得拥有，因为它将带着大家走向创新美味的面包世界。

110 食验室总监 陈婉苗

本身因为工作性质，20多年间到了50几个国家，并吃过无数美食，尤其各式烘焙糕点及面包，更是我必尝的美食之一。从小我对吃面包如痴如狂，在未向张锡源老师学习做面包之前，仅能用嘴巴品味与说出面包的美味。

在张老师的课堂中，他毫无保留地将烘焙的技巧、细节、流程等清楚演示，最重要的是他做出来的面包十分美味，更让学生在家里轻松完成，即使烘焙初学者的我，也能按照配方做出令家人朋友都称赞不已的面包。老师的学员与粉丝遍及海内外，他是烘焙界的天才，更是优秀的匠人。他终于有机会出版面包制作图书，分享他多年的宝贵经验，我为大家感到幸福，即使无法到教室现场学习，之后在家也能看着书，成功烤出令人感动的面包。

东森旅游总经理 柯汝慧

张锡源师傅除了不断提升自己的烘焙技术之外，也经常通过各种教学、社群媒体平台分享给有志烘焙业的朋友。印象最深刻的是有一次敝司邀请阿源师傅担任烘焙展的展演嘉宾，开会时以“麦之田”产品随机抽题方式选择食材，当时可感受到阿源师傅脑内资料库快速运转，运用当地食材果干与果酱，通过自己的处理方式搭配出独具风味的“莱姆苹果”“白柚椪柑”，当天展演现场所有来宾赞不绝口。

这本书不仅收录阿源师傅用心研发的产品配方，更能学习到他不断尝试及不放弃的态度，套一句他常说的：“我想未知的面包配方终究会解锁的。”就为了做出令人满意的面包！

麦之田食品总经理 林忠义 食品经理 林世昕

“不汲汲追求名利，不恋栈任何职衔，只希望一直拥抱着追求做出美味面包的梦想。”这就是我们眼中令人钦佩的张锡源师傅。与阿源师傅相识时，他已是连锁烘焙名店的主厨，但从未自满于现况，并持续不断地自我充实，涉猎多元化的烘焙新思维。除了做出好吃的面包外，他更踏上了烘焙导师之路，将许多烘焙技术传授给更多学员。

他同时拥有业界实战及学界教学经验，相信这本书一定可以带给大家理论实务兼具的满满收获！

宏捷食品有限公司总经理 辜正慕 研发经理 宫钦赐

作者序

PREFACE

新“食”文化，将烘焙扩展到无局限、无框架！

“烘焙”是一个无底深渊，曾经只是为了糊口，但如今却是深深爱上，成为我的职业。即使工作环境不同，依然让我没有倦怠感，反而有着不灭的新鲜感及热忱！本身非技术高超，但对于烘焙有许多想法与理想，尝试用不同的思维去看待，也常借由烘焙教学来分享理念。在个人职业生涯中，食物是最具代表性的，借由产品来表达诉说，我一直有个梦想就是“当您们看到、吃到，就知道是我。”这永远是我的目标！

烘焙生涯20余年，终于有机会让烘焙经历有个记载，这本书以三大主题“吐司、贝果、盐可颂”作为方向，虽然有框架，但内容注入了许多新思维，也希望这本书同样能够向大家表达我的理念，从主题架构到配方内容，其实更想表达烘焙新“食”文化。书中传达许多的处理方式，食材的选择丰富多元，更是各式饮食领域的融合，并且从中懂得利用食材特性，将其充分发挥，才是引用食材的最大价值，这即是我的目标方向——烘焙新“食”文化，将烘焙扩展到无局限、无框架，利用多元模式将烘焙完整表达。文化的传承、创新的领域、时代的进步，烘焙的新“食”文化，就是从中寻找平衡点，这也是个人烘焙的创意源头。

一本书能顺利出版，绝对不是一个人的力量，最后由衷感谢麦之田食品、宏捷食品有限公司、泰铨食品机械有限公司、110食验室、万记贸易公司白美娜、助理师傅曾宗赐、橘子文化团队、主编燕子和摄影师小刚，因为有您们一起协助，才能成就这本书的诞生，也希望把书带回家的读者，能亲手做出令您和家人朋友感动的风味！

張锡源（Aaron）

本书使用说明

赏心悦目的面包产品图。

制作完成的数量，所使用的模具尺寸。

面包的中文名称。

材料一览表，同时附上百分比与重量，明确称量是制作成功的基础。

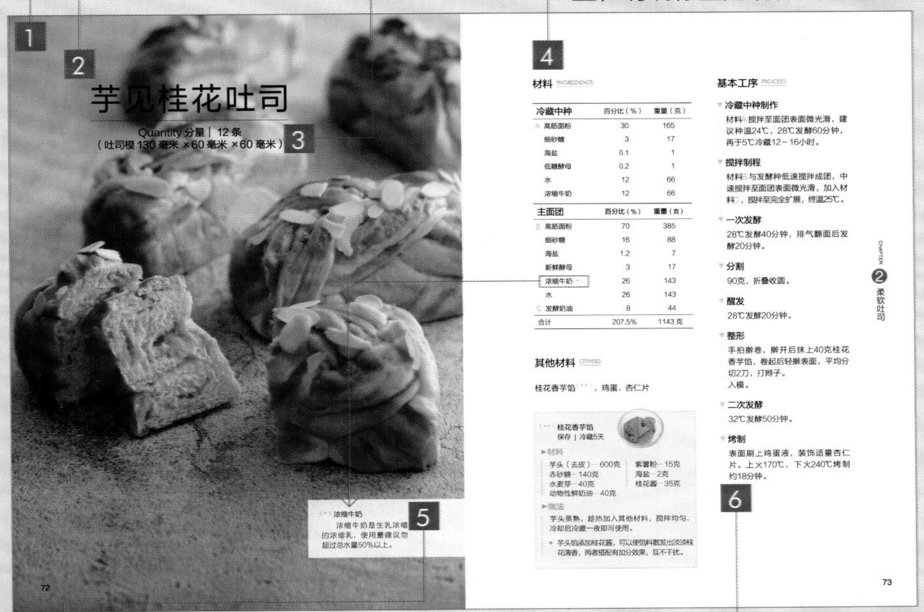

材料或馅料制作的对应符号，通过（＊）更方便寻找。

制作这道面包的基本制程简要说明，让您快速预习与准备。

详细的步骤图与解说，让您确实掌握制作过程的重点。

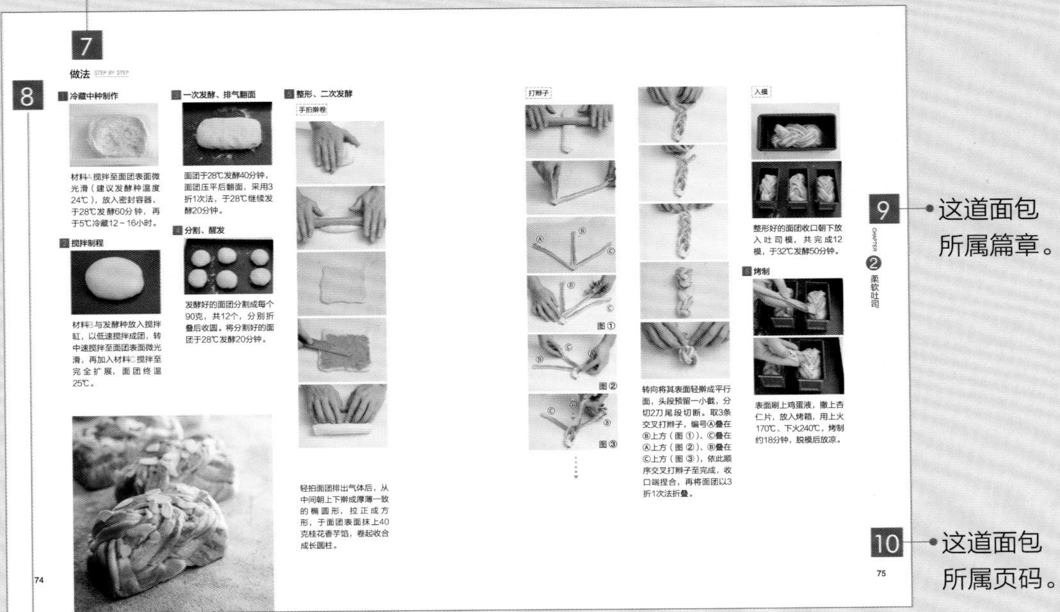

这道面包所属篇章。

这道面包所属页码。

设计醒目的标题，一目了然可立即上手。

目　录
CONTENTS

CHAPTER1 前置准备

CHAPTER2 柔软吐司

CHAPTER3 嚼劲贝果

CHAPTER4 酥香可颂

CHAPTER 1

PREPARATION

前置准备

认识基本工具材料

工具类

搅拌机

搅拌混合材料很重要的工具，分成直立式及螺旋式搅拌机，省力且能有效协助搅拌过程中面筋的形成，以利于搅拌稳定性。直立式有钩状、桨状及球状，可依需求选择使用，搅拌面团多以钩状为主。

发酵箱

可控制温度及湿度，协助面团达到理想的发酵状态。

烤箱

具上下火的温度调节及蒸汽功能，可依据面包产品种类来决定适合的温度及蒸汽需求，使面团最终顺利烤制完成。

吐司模

吐司模有各种尺寸设计，可依产品种类、面团重量挑选适合的尺寸装盛。

电子秤

精准测量各项材料所需要的重量，以及分割面团的重量。

刀具

切割食材或于面团外观切出纹路的工具，可依需要的状况选择适合的刀具。

温度计

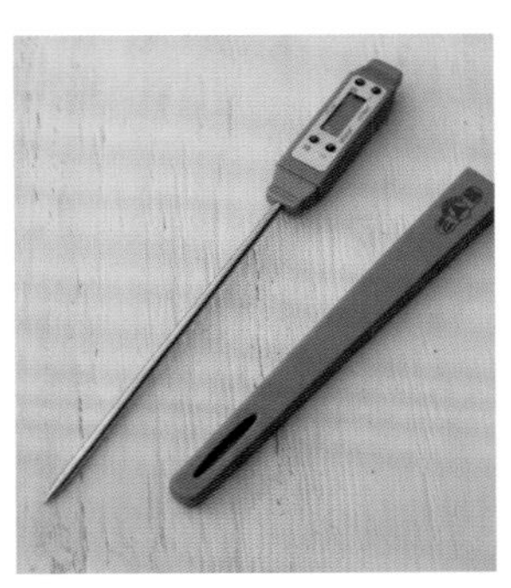

可精准测量各项温度，以便于掌控面团状况，再依此情况调整制作过程，是制作面包很重要的工具之一。

切面刀、刮刀

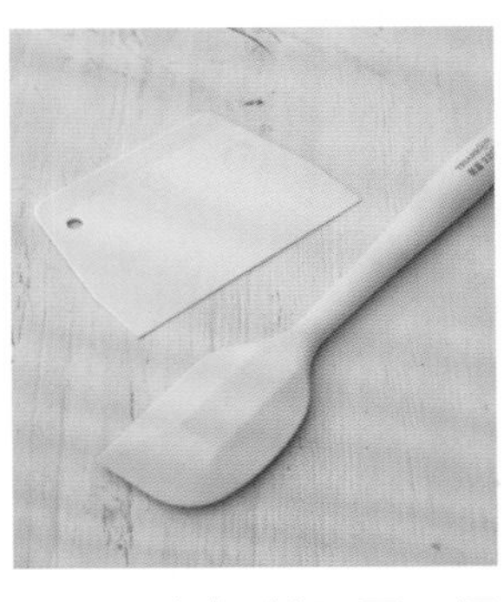

用来切割面团、混合材料的工具，以及面团搅拌时刮缸使用。

擀面棍

面团擀平延压，或是面团整形时使用的工具。

毛刷

使用于面团表面刷蛋液、油脂或涂酱，或是面团表面有较多的面粉，也可用毛刷刷除。

材料类

面粉

面粉是制作面包的重要材料之一，品牌选用没有一定标准，可依照个人喜好进行搭配，但提前了解面粉特性，可让创作者有更明确进选择方向。由于同一种类面粉会因产地、采收、制程等因素而形成不同特性，所以面粉的选择也是面包的第一道关卡，让其发挥高价值。

本书的每道面包配方没有刻意标注面粉的品牌，如下是个人常用面粉的灰分与蛋白质含量，提供给大家参考。

种类	灰分（%）	蛋白质（%）
霓虹吐司面粉	0.38	11.9
纯芯高筋面粉	0.37	11.9
山茶花强力粉	0.37	11.8
欧佩拉法国面粉	0.58	11.5
百合花法国面粉	0.45	10.7
铁塔法国面粉	0.44	11.9
T55 法国面粉	0.55	10.5
粗磨全麦粉	1.5	12
T170 裸麦粉	1.7	7.3
粗磨焙煎全麦粉	利用焙煎技术，使小麦释出浓郁香气。	

- 灰分：是指存在于小麦表皮及胚芽上的矿物质含量，灰分高则风味更明显。

- 蛋白质：面粉中的蛋白质含量越高，则面团筋性越高。每家厂牌的面粉名称稍有差异，法国粉即法国面粉，吐司粉、强力粉即高筋面粉。

盐

盐在面团中能有效控制发酵速度，保持发酵的稳定性，有效强化弹性，同时也是滋味的主要来源之一，也可装饰于盐可颂面团表面。

盐与糖属于配方架构中的调味媒介材料，添加的比例需随着制作方式、搅拌状况、搭配的食材等调整。例如，白吐司的配方，一款做吐司，另一款运用同配方做成贝果，虽然配方一样，但搅拌及制作条件的变动性带来气味释出的极大差异，这只是一个小环节的例子，如何调配适宜，考验着制作者的经验与对配方的认知。

油脂

油脂可提升面团的延展性及可塑性，烤制时易帮助面团膨胀，使面团充分均匀受热。

- 奶油：以牛奶为原料的加工制品，是油脂中最能凸显滋味的材料，可提升面包的风味层次。
- 橄榄油：带着果香，相较于奶油增添了健康取向，但需搭配得宜，才能发挥特色及风味。

乳制品

乳制品具有促进面包风味的作用，也是调味的基本材料之一，借由乳制品融入面团中，引出面团独特香气后与其他食材结合，可有效提升口感层次及价值。例如，巧克力吐司，一款单纯以水为主加入可可粉，另一款以牛奶取代水及可可粉，除了水分上的变动，其他内容不变，制出面包的滋味有极大差异，前者较为清淡，后者较为明显。

在制作调味及加料面包时，善加利用基本材料辅助其他材料很重要，进而提升更明确的风味，牛奶并非唯一调味品，一组配方中每个材料都能当成调味品，待配方与做法熟练后，可以试试其他调味组合方式。

- 奶粉：可区分为全脂和脱脂，是分别由新鲜全脂和脱脂牛奶杀菌后蒸发浓缩、干燥制作，虽然干燥成粉末状却不失滋味，奶粉中的乳糖是带出其风味主要成分之一，一般全脂或脱脂奶粉皆可使用。

- 牛奶：可使产品组织细致柔软，释出淡淡乳香味。

- 浓缩牛奶：百分之百生乳浓缩，使用方便，依比例加入水即可还原取代牛奶量。

- 动物性鲜奶油：由生乳中分离出乳脂，乳香浓醇，多使用于提升滋味。

- 酸奶：营养价值高，因经过乳酸菌发酵，引出特殊发酵气味，可大幅提升产品美味度。

蛋

鸡蛋可帮助提升烤制后的色泽及香气，鸡蛋也是除了面粉以外能稳定及强化面包结构的原料，是功能食材。蛋黄与蛋白各司其职，了解其运用方法，才能有效帮助面包达到更好的品质。

- 蛋黄：所含卵磷脂是天然乳化剂，与面团融合有助于提升延展性及柔软、湿润口感，也可让产品释出更浓醇的香气。由于蛋黄中含大量脂肪，故使用量较大时，易造成麸质结构形成较晚，在搅拌时必须注意麸质结构的完整度外，温度也是需要留意的另一个细节。

- 蛋白：是多种蛋白质组合而成，在面团中具有增加弹性及强化结构的功能，但蛋白在高温受热时会凝固，故使用量太多，易造成面包口感干硬。

奶酪

奶酪分成天然奶酪、加工奶酪，作为面包材料之一，能让产品有更丰富的口味变化。天然奶酪又分成7种类型：新鲜奶酪、白奶酪、蓝纹奶酪、洗浸奶酪、山羊奶酪、半硬质奶酪、硬质奶酪。

水

水是面包中不能缺少的材料，每个配方中由许多材料组合而成，大部分需要借由水分进行催化，让所有材料发挥彼此的作用。水非制作面包唯一选择，可以用牛奶、果汁取代。

麦芽精

麦芽精是一种麦芽萃取物，富含矿物质及淀粉分解素，可供给酵母养分优化面筋，烤制时的褐变使表皮呈现漂亮的烤色，一般是使用于无糖及低糖面团。

酵母

酵母的种类依水分作为区分，可分成新鲜酵母、干酵母、速发干酵母，以及新技术开发的半干酵母。酵母是面团发酵及膨胀最主要的材料，可依照配方及制作方法选用。

糖

糖能为酵母提供养分，也能引出面团中的甜味。糖分多，则烤制时容易上色，能使产品烤出漂亮的色泽。

- 蜂蜜与黑糖：都有明显风味，可让面团烤制后引出不同甜味。

调味粉

调味粉可为面团调色及调味，例如，抹茶粉、可可粉、紫薯粉，适当添加，可让烤制产品有更多元的外观。

果干

果干属于烘焙中广泛运用的食材之一，例如，蔓越莓干、葡萄干、青提干、芒果干、椪柑干、草莓干等，可提升口感层次及视觉效果，并增加产品的价值。

本书配方中有许多处理果干的方式，同样的果干利用不同方式处理，则风味明显不同，其目的是以配方整体内容作为考量，搭配适合的果干，选择适合的处理方式，使原料搭配得当，能有效引出彼此风味的平衡感，以求味蕾层次能明确呈现。

- 浸泡处理：果干浸泡，常温或冷藏放置即可使用。

- 加热处理：果干剪碎后，与液体一起小火慢炒至收汁，冷却后即可使用。

花草茶

花草茶是面包转换风味的一种调味食材，例如，玫瑰花、蝶豆花、桂花、伯爵茶、乌龙茶、绿茶等，借由各种花草茶融入面团中，引出更迷人的滋味。

书中的制作方法皆由适当温度的水与花草茶先浸泡，其目的是希望能有效释放风味，将食材发挥最大价值。

淀粉

具有饱足感的淀粉，例如，黑米、紫薯、地瓜、芋头等，适当加入面团或制作成馅料，能丰富产品的滋味层次。

面包工法与酵种

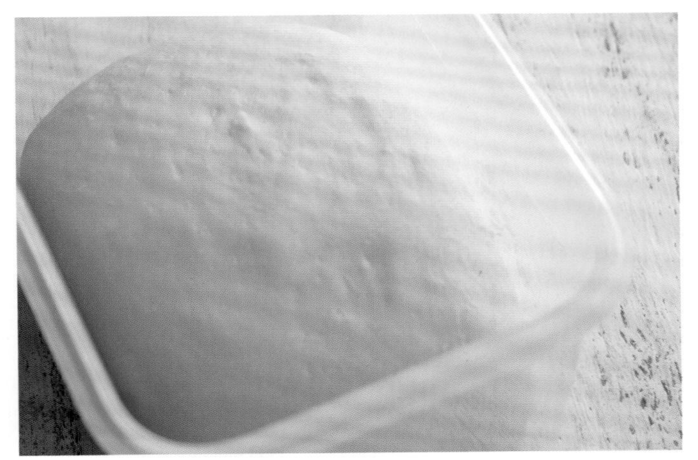

老面法

将面团搅拌好，低温发酵熟成，再与新面团结合，促进发酵，缩短搅拌时间，提升面团延展性，并让面包增添风味。

冷藏法

面团搅拌完成后进行分割，再长时间冷藏，低温发酵，运用低温长时间的醒发及熟成，可提升制作上的操作及流程的便利性。长时间低温发酵熟成，可引出面包特殊的熟成风味。

冷藏中种

由100%的面粉抽取一部分作为发酵种，与新面粉结合搅拌，可增强延展性及稳定性，并使面包延缓老化，保湿效果佳，而且明显提升发酵种引出的味道及风味。

食材发酵种

运用发酵种与富有风味或特色的材料一起结合发酵，可引出材料与面粉结合后所散发出的特色滋味。

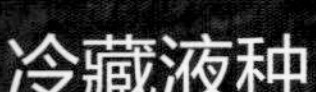

冷藏液种

100%的面粉抽取一部分作为发酵种，与冷藏中种比较不一样的地方在于水分，液种是粉与水1：1制作（液态材料不同，相对密度会有落差，使用量也有差异）。

液种因水含量较高，可有效协助增加酵母的活性，与新粉结合搅拌，同样有着冷藏中种的优点，但液种因制作时吸附较多水分，组织筋性较为薄弱，组织筋性会更加柔软细致，保湿效果更佳。

酸奶菌种

发酵后乳酸风味更为明显，适合用于牛奶及使用大量乳制品的面团，可明显提升滋味及乳香味。

酸奶酵液

材料

原味酸奶	250克
细砂糖	40克
水	250克

做法

1 装盛的容器必须先消毒并烘干。

2 将所有材料放入容器中，拌匀，搅拌温度28℃。

3 发酵温度28℃，发酵约4天，每天摇晃2～3次。

小贴士

- 表面再搅拌，会有像奶泡状的小气泡，即可冷藏存放约5天。

葡萄菌种

发酵过后，具有浓郁发酵风味，可引出面包特色香气及甘甜的美味。

葡萄酵液

材料

材料	用量
葡萄干	200克
细砂糖	80克
水	400克
酒粕	30克（若没有，可省略）

做法

1 装盛的容器必须先消毒并烘干。

2 将所有材料放入容器中，拌匀，搅拌温度28℃。

3 发酵温度28℃，发酵5～7天，每天摇晃2～3次。

小贴士

- 完成阶段前，葡萄干会浮起，表面开始有微量气泡；完成阶段，菌液会呈现大量气泡及发酵风味。
- 葡萄酵液完成后，将葡萄干残渣滤出，菌液冷藏可存放约7天。

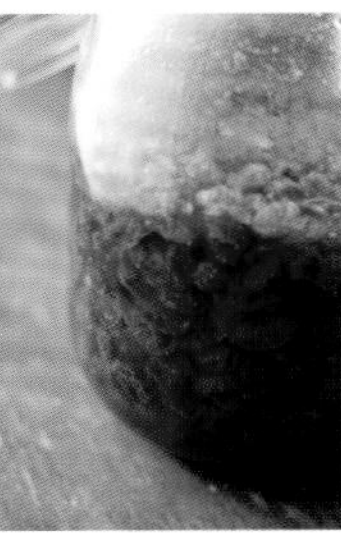

- 葡萄干残渣称为“酒粕”，滤出后可先打成泥，冷冻保存30天。任何面团都可以加入一些酒粕，可提升面包风味层次，建议使用量为100%面粉，3%～5%酒粕。

面包基础制程与保存重点

制作面包的基本工序

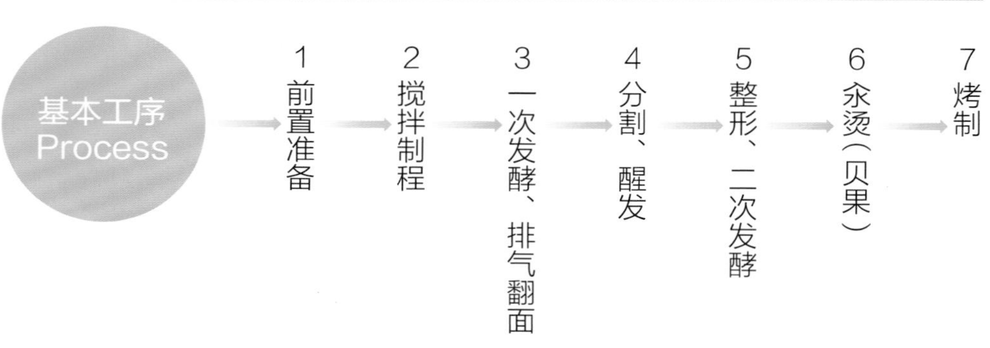

1. 前置准备

将所有材料按配方表逐一称出需要的用量，若需要前一天准备的发酵种，就先搅拌完成后置于密封盒，或放入钢盆并盖上保鲜膜后冷藏。

2. 搅拌制程

面包主要是以面粉、水和酵母等不同特性的材料组成。将干性材料（油脂除外）、酵种混合搅拌成团，再加入奶油搅拌至完全融合，并依据面包的口感和特性决定面团最理想的搅拌状态及终温。

A混合阶段

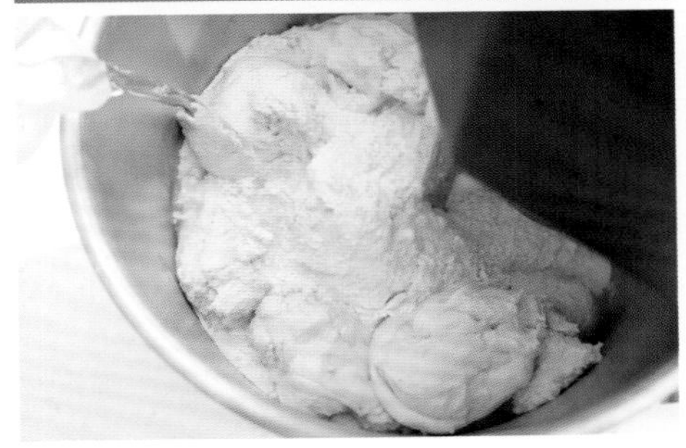

将所有材料（油脂除外）放入搅拌缸，以低速搅拌，还未形成面团，呈现粘连、粗糙状态。

B拾起阶段

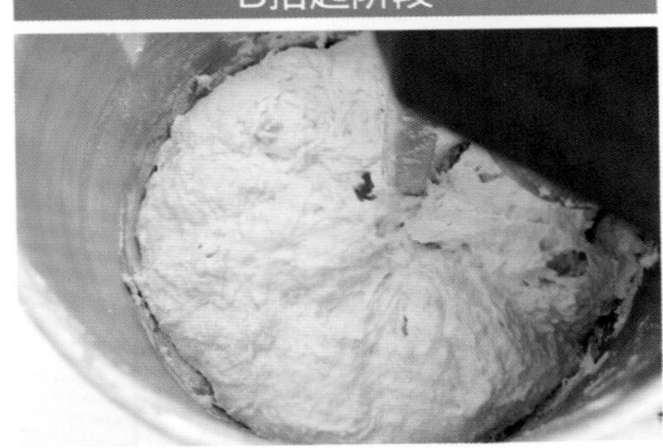

搅拌至材料已充分融合，面筋开始形成。

• 用手撑开面团，表面形成粗糙的粘连状态。

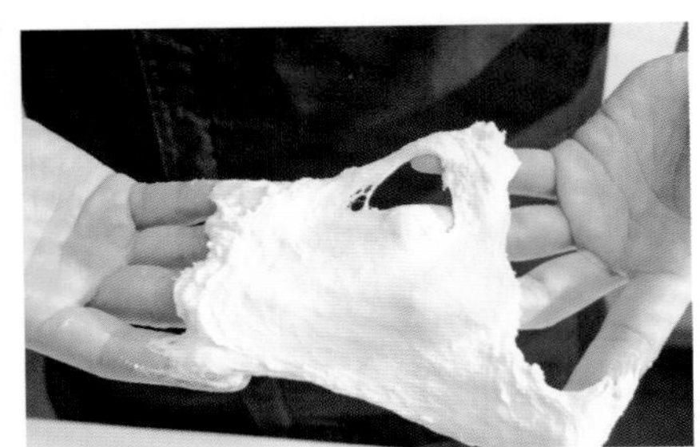

C成团阶段

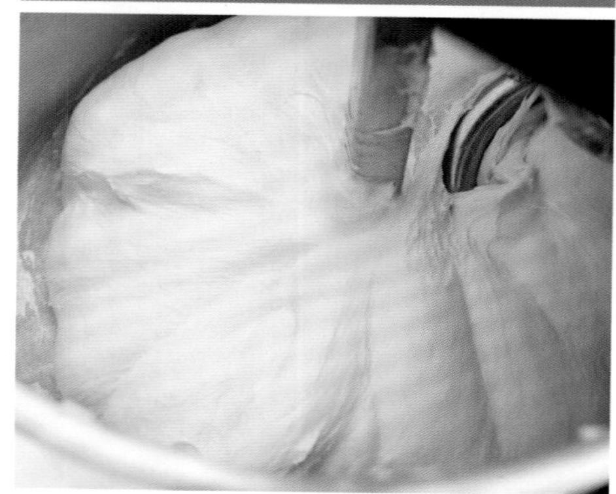

继续搅拌至材料充分融合成团，并带有筋力及弹性。

- 用手撑开面团，可形成较为不透光的薄膜但有明显裂口。

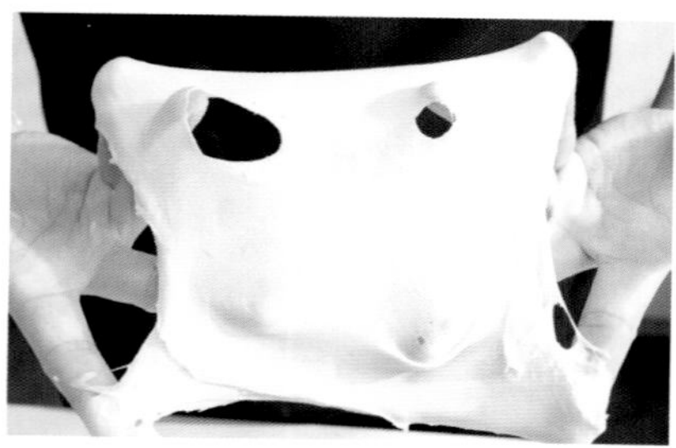

D扩展阶段

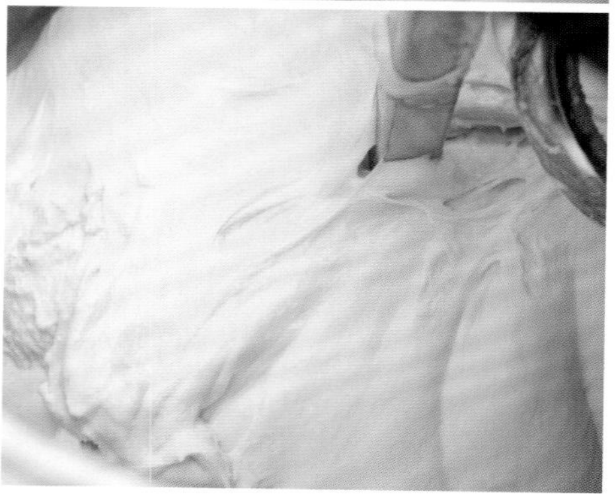

接着放入奶油，搅拌至奶油与面团完全融合，并且面团表面组织微光滑（8~9分筋力），贝果、盐可颂的面团搅拌至此状态即可。

- 用手撑开面团，可形成薄膜，但较为不透光，裂口切面呈现微锯齿状。

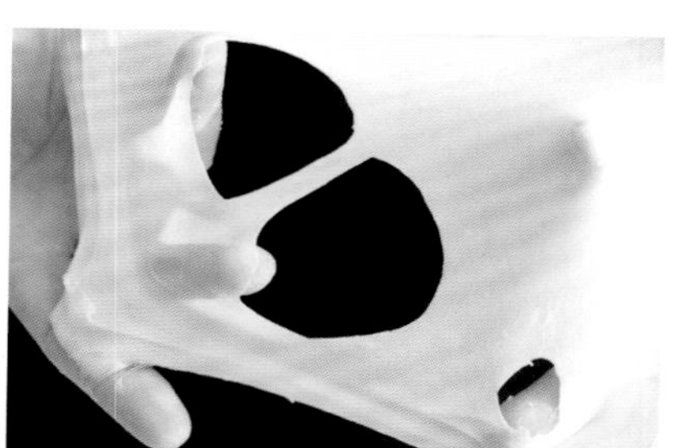

E完全扩展阶段

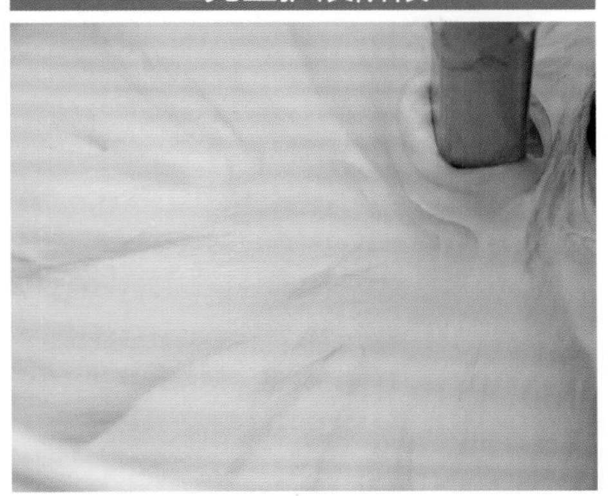

面团表面组织光滑、延展性佳，吐司的面团搅拌至此状态。

• 用手撑开面团，可形成光滑清透的薄膜，裂口切面呈现光滑刀切状。

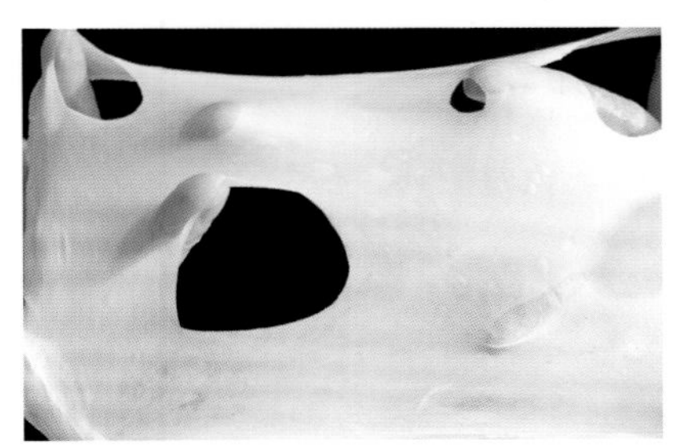

● 果干加入时间点

面团搅拌完成后切块，放入搅拌缸，再与果干一起搅拌均匀。

● 面团搅拌完成的终温

搅拌完成的面团，其终温直接影响后续发酵状况。若面团终温偏低，则发酵较为缓慢，易导致发酵不完全；若面团终温偏高，则发酵速度较快，面团稳定度偏低，不易掌控产品达到理想效果。

这2种状态都会直接影响后续制作的品质，是不可忽略的重要环节，书中每道产品的配方皆提供理想的终温作为参考。

3. 一次发酵、排气翻面

面包发酵包含3阶段：一次发酵、醒发、二次发酵。由酵母活动分解糖生成二氧化碳、有机酸等，进而产生膨胀感，可让面包释出香味。

透过折叠步骤可进行面团排气，将发酵中所产生的二氧化碳压平后排出，重新换气，促进酵母活性及增强组织张力。

一次发酵

将搅拌好的面团，利用发酵设备进行恒温发酵，或是盖上保鲜膜后放于温暖处发酵。

发酵完成判断，将指腹蘸少许面粉轻戳面团表面呈现1个凹洞，看凹洞底部弹回力道，弹回力道需在洞口深度五成以下（保持面团一成至五成的弹性），即可进行排气翻面动作，翻面力道会依面团筋度状况有所不同。

排气翻面

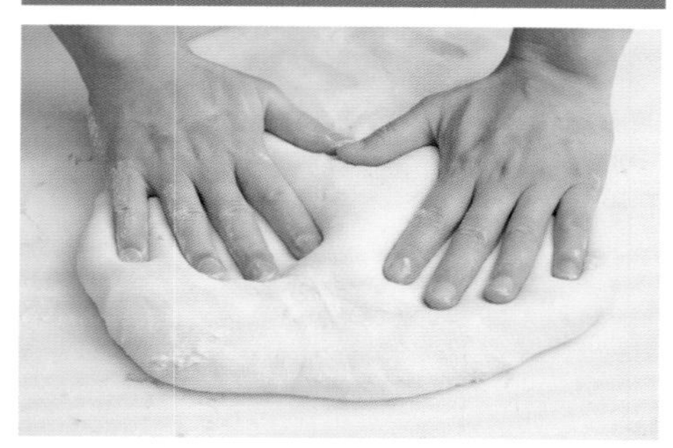

（1）将面团轻拍，平均排出气体。

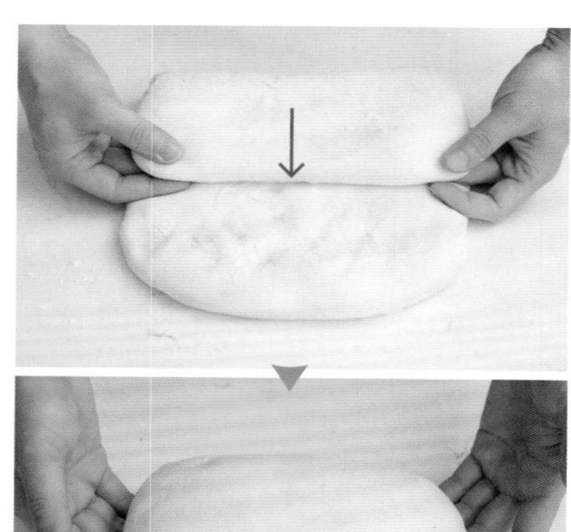

（2）将面团第1次平均折叠3折，表面再轻拍，转向，第2次面团折叠3折，表面轻压平整，再发酵20分钟。

4. 分割、醒发

将翻面排气后的面团进行分割，并滚圆使面团再度紧实、组织均匀。滚圆、整形方式依照产品的造型及面团状况来决定，并须考量后续制作筋力是否能够舒张。

分割

（1）用切面刀依需要的重量进行面团分割。

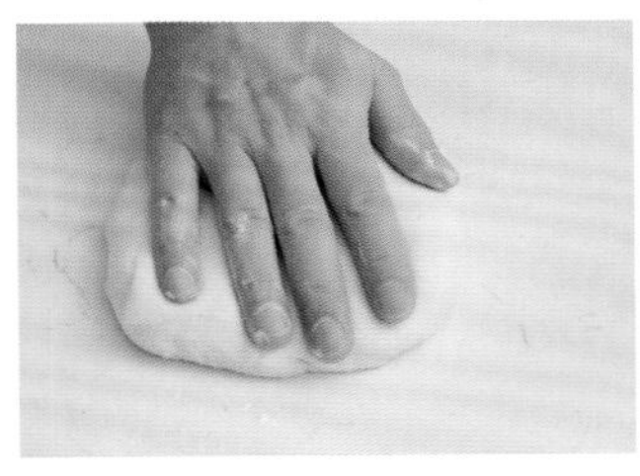

（2）将面团轻拍，使面团中的气体均匀排出。

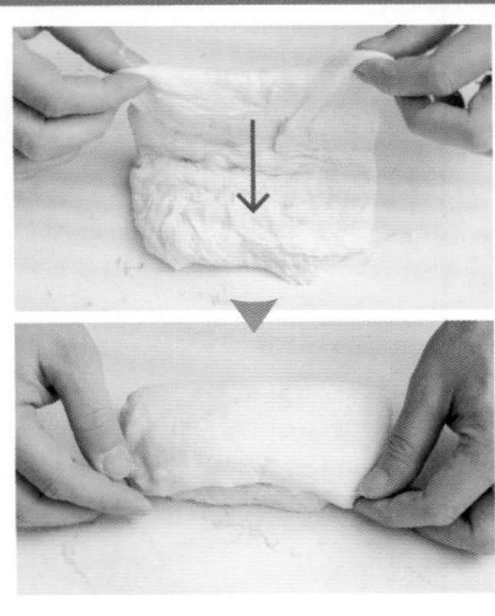

（3）面团底面朝上拉起后对折，轻拍。

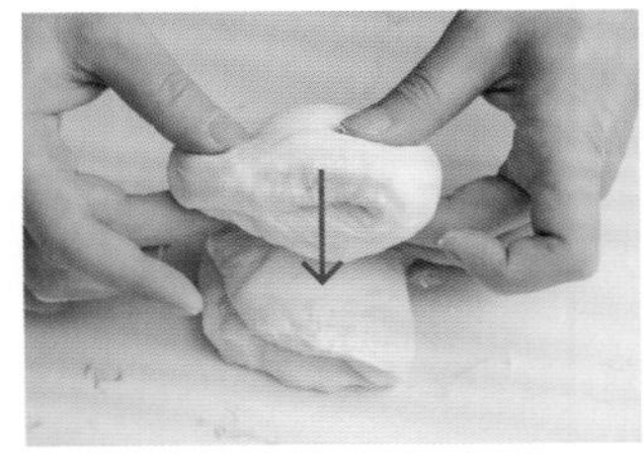

（4）转纵向再对折，轻拍。

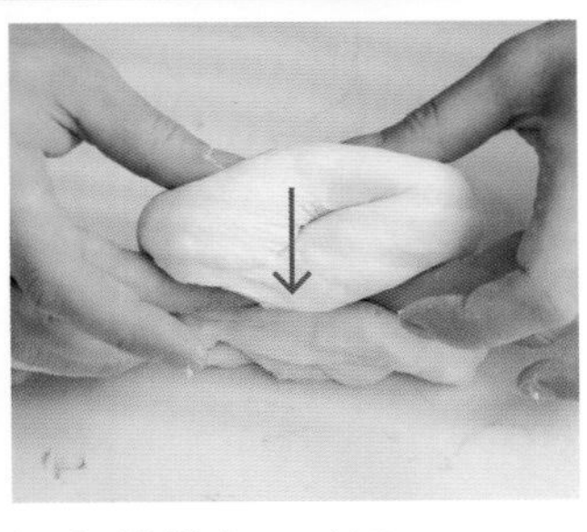

（5）转纵向再对折。

（6）掌心靠于面团两侧进行画圆、收合、滚圆动作，让面团呈现光滑表面。

醒发

滚圆的面团收口朝下排入烤盘，进行醒发。

5. 整形、二次发酵

不同整形方法及面包种类，其力道大小会有差异性，主要是面团需有足够的可塑性，不因整形状况而伤其面筋组织。面团的二次发酵是将组织再次松弛舒张开来，让面团组织结构达到一定松弛度，在烤制时才能有效膨胀。如下将示范吐司、贝果、盐可颂的基础整形与二次发酵。

A完熟吐司

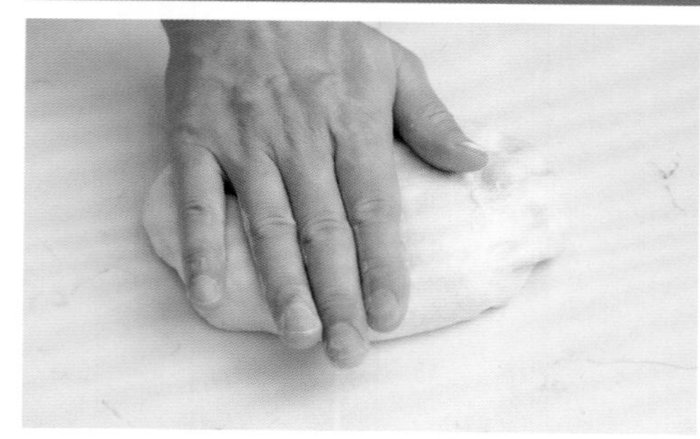

（1）轻拍面团使其平均排气。

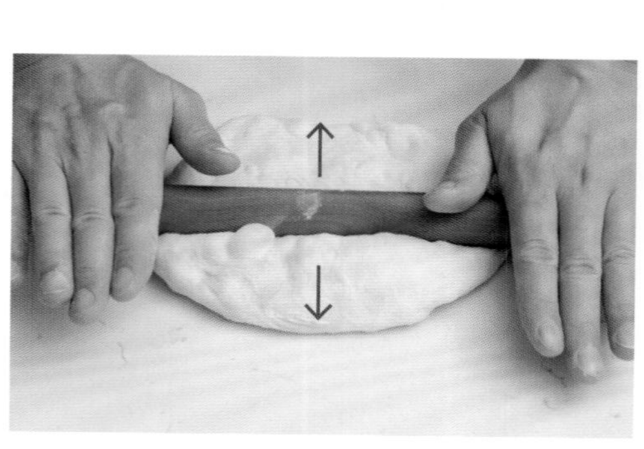

（2）进行第1次擀压，从中间朝上下擀压成厚薄一致的平整椭圆形。

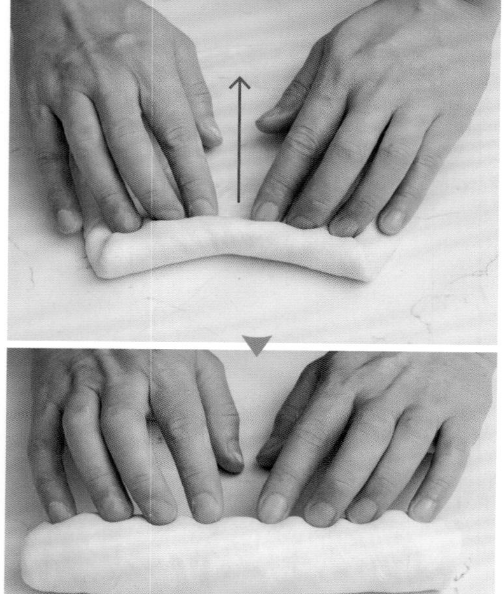

（3）翻面后扎实卷起成长圆柱，醒发约10分钟。

判断面团可否烤制，将指腹蘸上面粉轻戳表面呈现1个凹洞，看凹洞底部弹回力道，弹回力道需低于洞口深度约五成以下（保持面团一成至五成的弹性），即可进行烤制。面团弹性力道必须衡量面团状况、整形方式及想要呈现的口感而定，在面团的理想发酵基础下，力道大部分不会大于按压深度的五成。

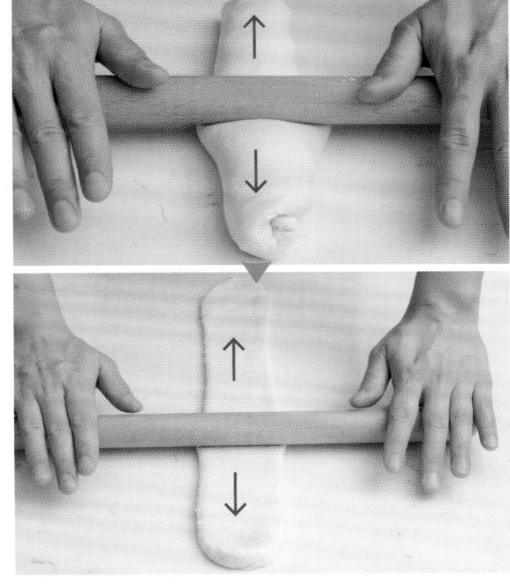

（4）转纵向，进行第2次擀压，从中间朝上下擀压平整。

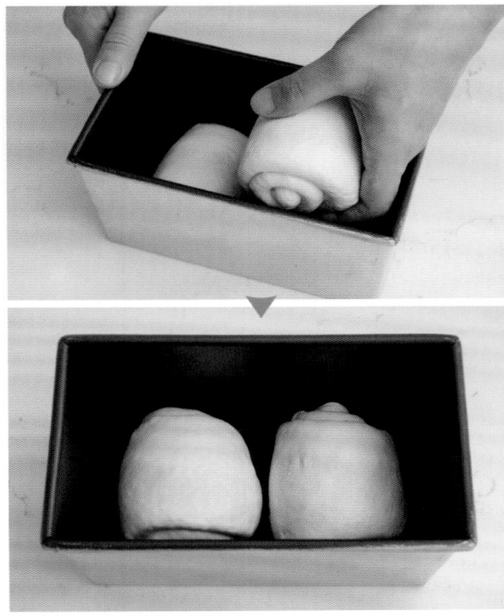

（6）面团底部接口处朝下，整齐摆放于吐司模。

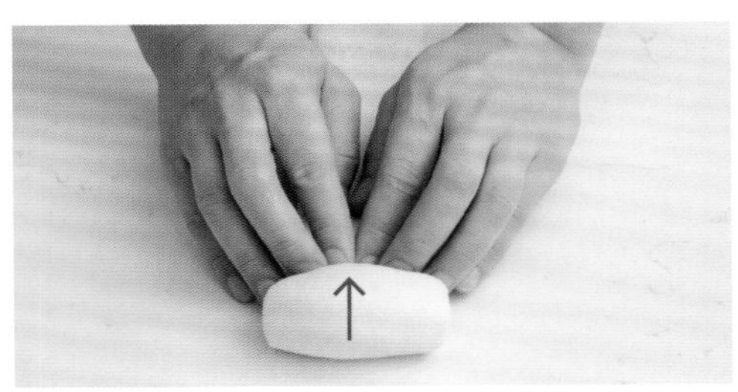

（5）再扎实卷起成短圆柱。

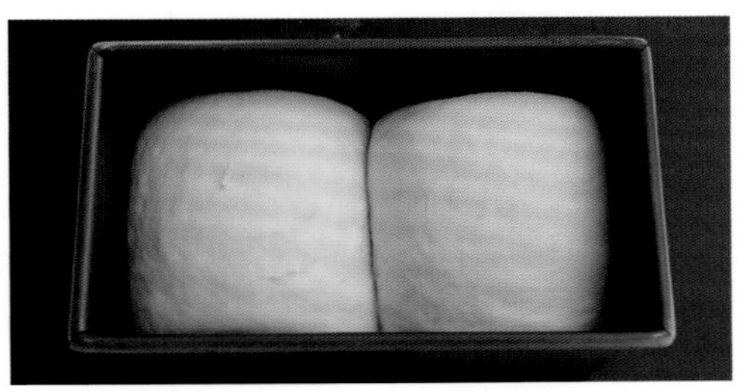

（7）面团进行二次发酵。

B原味贝果

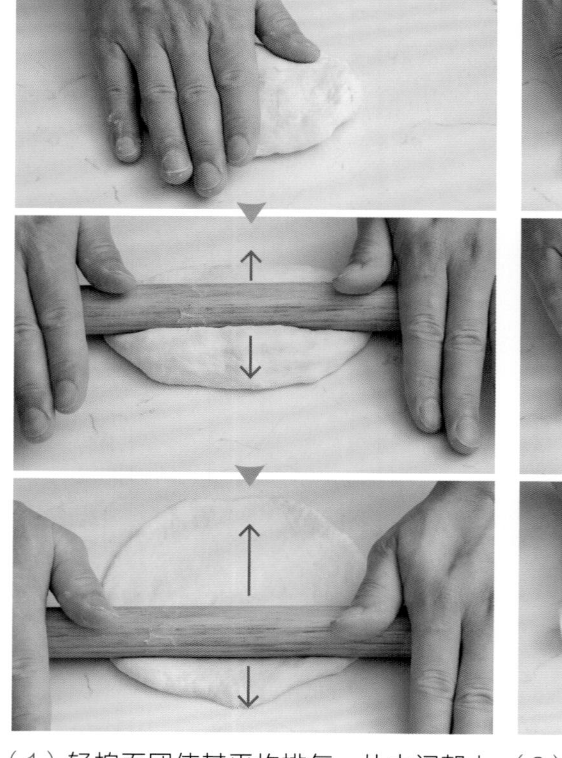

（1）轻拍面团使其平均排气，从中间朝上下擀压成厚薄一致的平整椭圆形。

（3）扎实卷起约18cm长圆柱，再轻轻搓紧实。

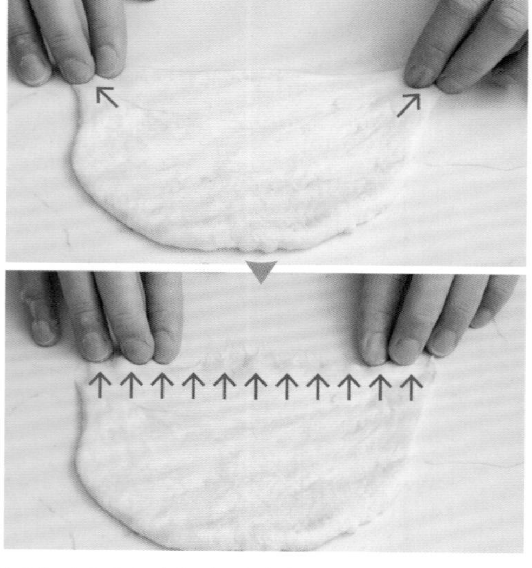

（2）在面皮底部左右各拉出1个小角成方形后，底部压薄捏合。

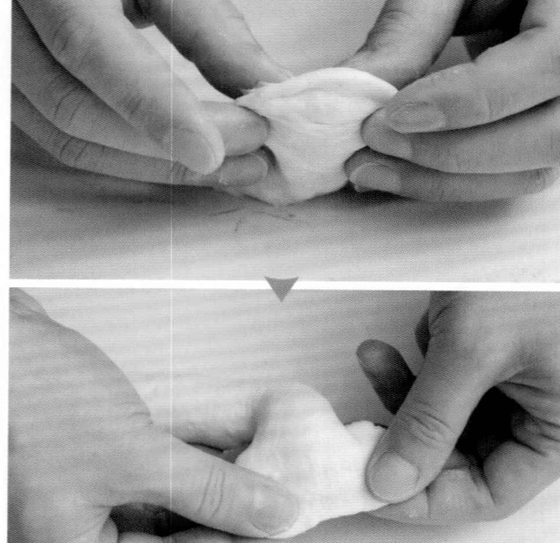

（4）将一侧面团以指腹轻压摊开，至厚薄一致。

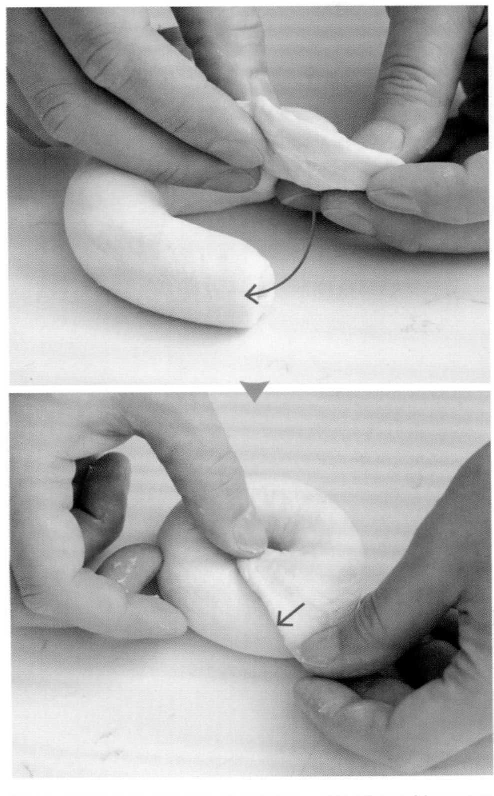

（5）面团头尾绕成圆圈，将摊开的面团（头）叠上另一侧（尾）。

（6）将面团整个包覆完整，面皮捏合即完成。

（7）将整形好的面团间隔放置于烤盘上，进行二次发酵。

C盐可颂

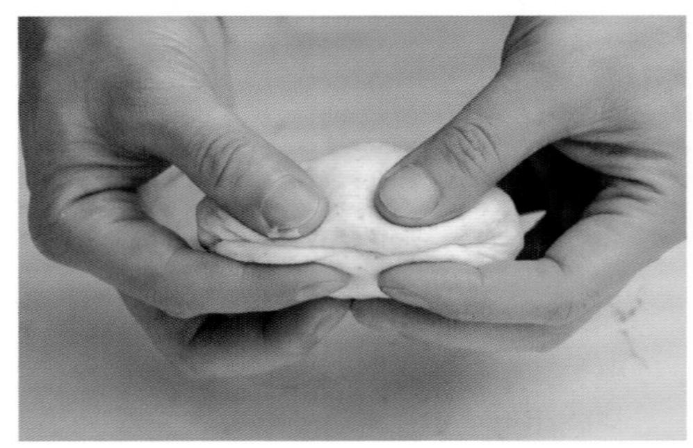

（1）整形的桌面先喷上薄薄的油脂，面团轻拍排气后，底部先对折黏合。

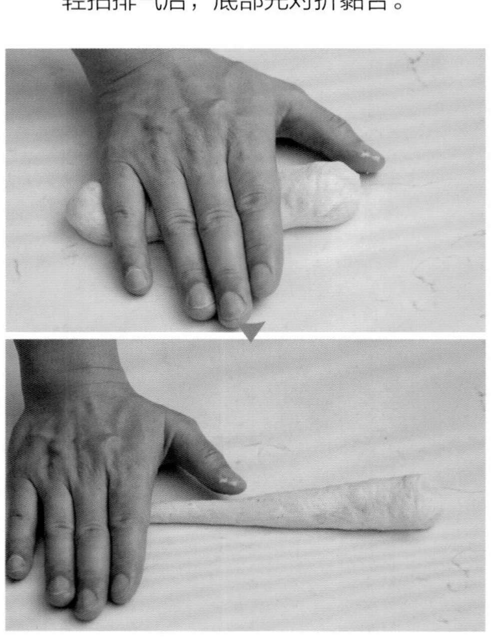

（2）将面团搓成约18厘米长的水滴状。

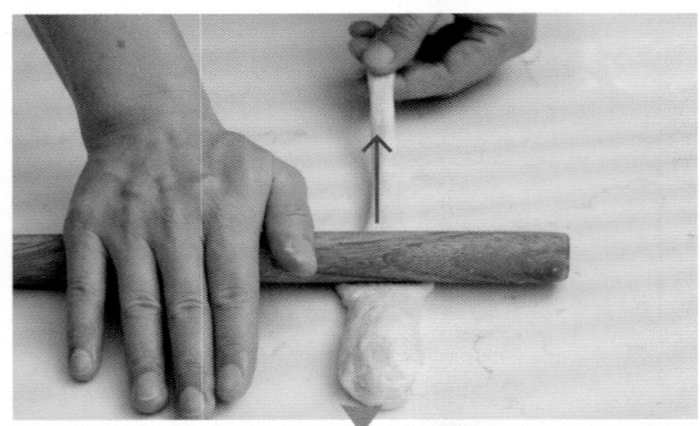

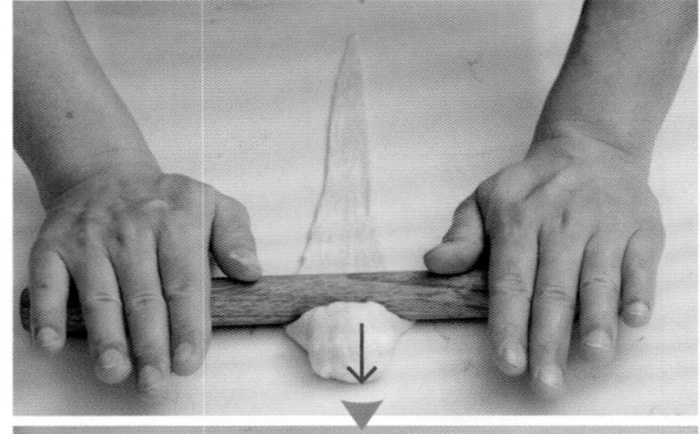

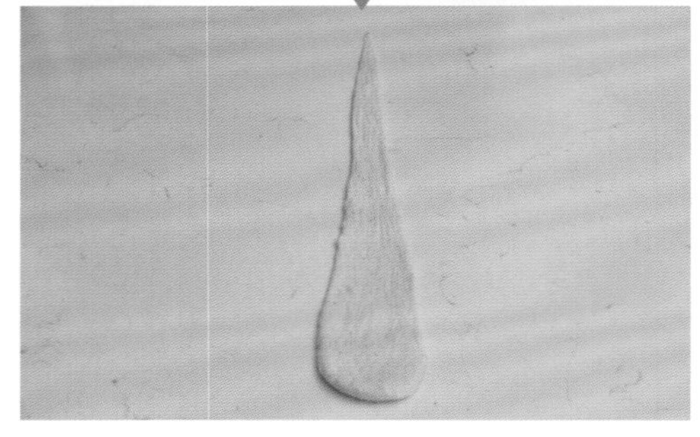

（3）一手轻拉尾端，先从中间朝下擀压，再从中间朝上擀成厚薄一致的扁平水滴状（长40～45厘米）。

● 盐可颂整形的桌面喷油

桌面先喷上薄薄的油脂，面团在擀压时会黏附油脂，可让面团相接的层次呈现油脂层，发酵时面团间的层次不易融合相黏，有助于烤制时面团舒张开，层次也较易呈现。有蒸汽功能的烤箱不一定要喷油；没有蒸汽，则此方法是不错的选择。

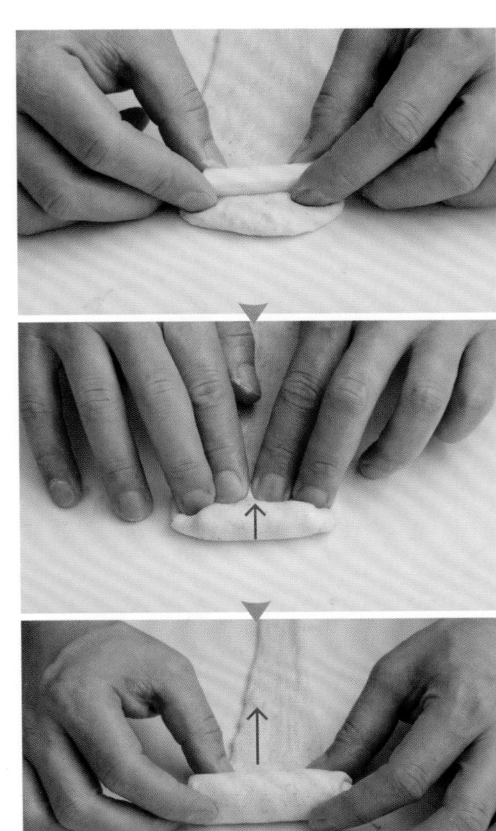

（4）顶端铺上发酵奶油，卷起时前面2圈轻微向上拉紧并完整包覆奶油。

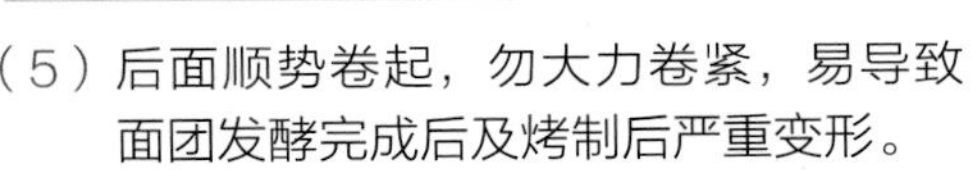

（5）后面顺势卷起，勿大力卷紧，易导致面团发酵完成后及烤制后严重变形。

（6）整形好的面团收口朝下排入烤盘，表面可喷少许水，利于海盐装饰。

6. 汆烫（贝果）

汆烫贝果面团目的是利用水温将其面团表面糊化，提早形成较为厚实有韧性的面包皮，避免后续烤制膨胀过度，而变成较松软的质地。因汆烫形成面包皮，使面团组织气孔不易膨胀；反之，组织气孔因表皮已形成，产品的组织紧实，水温和汆烫时间会影响组织状况，依所需口感而定。

如下将提供甜、咸汆烫水的配方与汆烫重点，加糖与麦芽精，主要目的是提升烤制色泽。贝果面团以同一面放入汆烫水为佳，可避免翻面时漏掉或重复翻面。

（1）汆烫水材料放入大锅中，加热并拌匀，保持水微沸。

（2）放入贝果面团，正反面各汆烫30秒，总计1分钟，此汆烫时间足以使面团表皮进行完整糊化，捞起后沥干。

（3）再放入干净的烤盘，接着就可放入烤箱烤制。

● 汆烫水比例

- 甜：水1000克、细砂糖100克
- 咸：水1000克、麦芽精5克

7. 烤制

不同产品、重量、形状、面团等，其烤制温度、时间都不一样。烤制必须掌控适当的温度，让面团受热时，水分能顺畅蒸发，达到良好的膨胀效果及完美产品。

（1）以完熟吐司示范，面团完成二次发酵后加盖，再排入烤盘，放入烤箱烤制。

（2）戴上隔热手套，将烤好的吐司立即脱模于凉架上，待完全冷却。若一直放在吐司模中，则面包中的热气与水汽容易导致回缩。

面包的保存与加热处理

当日未食用完的面包应冷冻保存，冷冻保存最多5天；次之为室温存放约2天，但调理面包类不适用。未食用完不建议冷藏保存，冷藏易加快面包老化速度。

冷冻保存的加热处理，将冷冻的面包移至室温解冻回温，再通过烤箱或电锅加热，这2种方式的面包质地略有差异，可挑选喜欢的口感进行加热。

酥脆口感

烤箱先以170℃预热，在回温的面包表面喷上适量水，再放入烤箱烤制3～5分钟即可。

软弹口感

电锅

将厨房纸巾喷水湿润后置于电锅底，将回温的面包置于盘中放入电锅，按下开关键，待开关键自动跳起后，焖2分钟即可食用。

微波炉

在微波炉内放置1小杯水，将回温的面包置于盘中放入微波炉，以低火候加热10～15秒，取出即可食用。

烘焙
百分比计算方式

烘焙百分比是以面粉总重量100%计算，其他材料对应面粉量所呈现的比例，所有材料加起来的总和会大于100%。若了解烘焙百分比计算，即可换算需要制作的分量，以原味贝果示范计算公式如下。

示范：原味贝果

分割：90克　分量：20个

老面法	百分比（%）	重量（克）
高筋面粉	100	850
细砂糖	6	51
海盐	1.8	15
低糖酵母	0.8	7
水	65	553
法国老面	40	340
发酵奶油	4	34
合计	217.6%	1850 克

设定制作数量×面团分割重量=制作面团总重
20个×90克=1800克

制作面团总重÷材料百分比总重=各材料所需倍数
1800克÷217.6%=8.27

各材料所需倍数+耗损0.25=实际各材料所需倍数
8.27+0.25=8.5（四舍五入）

各材料百分比×实际各材料所需倍数=各食材所需重量
高筋面粉100%×8.5=850克
细砂糖6%×8.5=51克

搭配面包的抹酱与轻食

抹酱和轻食皆可当作吐司、贝果、盐可颂的夹馅，可随喜好组合。也能作为一般面团中的抹馅，成为另一种口味的产品；轻食可再添加蔬果、坚果或喜爱的食材，就变成丰富美味的面包低脂餐。

蒜味奶油酱

保存｜冷藏15天

材料

A 发酵奶油	300克
大蒜	150克
B 盐	12克
糖粉	6克

做法

1 发酵奶油软化，大蒜切碎粒。

2 材料A、B混合拌匀。

小贴士

- 此大蒜酱刻意保留细小颗粒感，在咀嚼时能明显咬到蒜粒，可释出呛辣感及味蕾的层次享受。

洋甘菊香橙酱

保存｜冷藏5天

材料

A 奶油奶酪	300克
海藻糖	20克
B 动物性鲜奶油	30克
调温白巧克力	60克
C 洋甘菊末	6克
桂花蜜	30克
橙皮丝	120克

做法

1 奶油奶酪搅拌至光滑绵密，和海藻糖拌匀。

2 材料B隔水加热至融化，与做法1材料拌匀，再加入材料C拌匀。

焦糖核桃酱

保存 | 冷藏5天

材料

A	赤砂糖	100克
	奶油奶酪	300克
B	糖粉	40克
	炼乳	40克
	熟核桃碎	120克
	白兰地	10克

做法

1 赤砂糖以小火加热至焦化，可依照喜好调整焦化程度。

2 奶油奶酪搅拌至光滑绵密，加入焦糖拌匀，再依序加入材料B拌匀。

熟成香蕉酱

保存 | 冷藏5天

材料

A	奶油奶酪	300克
	海藻糖	60克
B	杏仁粉	30克
	新鲜香蕉	120克
	熟成香蕉干	100克
	琴酒	15克

做法

1 奶油奶酪搅拌至光滑绵密，和海藻糖拌匀。

2 再依序加入材料B，拌匀即可。

小贴士

- 香蕉建议选择新鲜的（勿太熟软），风味较为温和顺口。

风味明太子酱

保存 | 冷藏5天

材料

A 明太子	125克
B 发酵奶油	45克
日式沙拉酱	60克
海盐	1克
糖粉	1克
绿芥末酱	12克

做法

1 明太子以上下火120℃烤制3～5分钟。

2 再依序加入材料B拌匀。

小贴士

- 明太子先烤过可释出香气，利用余温拌入奶油，奶油较容易融化。
- 加入绿芥末酱，作为调味用途增添风味，也可以用大蒜泥取代。
- 还可加入适量新鲜葱末在酱料表面装饰，再用喷灯炙烤产生些许焦化。

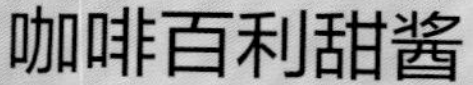

咖啡百利甜酱

保存 | 冷藏5天

材料

A 奶油奶酪	300克
动物性鲜奶油	70克
糖粉	90克
B 速溶咖啡粉	6克
研磨咖啡粉	6克
百利甜酒（Baileys）	10克

做法

1 奶油奶酪搅拌至光滑绵密，加入动物性鲜奶油及糖粉，搅拌至表面光滑透亮。

2 再依序加入材料B拌匀。

小贴士

- 速溶咖啡粉可染色并带出明显咖啡香味，研磨与速溶咖啡粉融和后的气味，会更加浓醇。
- 加入百利甜酒可使馅料的风味更有层次，百利甜酒可换成咖啡酒。

白松露香草马铃薯

材料

A 马铃薯	300克
B 动物性鲜奶油	40克
松露盐	5克
白松露酱	25克
新鲜欧芹	适量

做法

1 马铃薯蒸熟后，取出拌松软。

2 再加入材料B拌匀即可。

姜汁猪五花

材料

A	清酱油	250克
	味淋	180克
	细砂糖	80克
	发酵奶油	80克
B	洋葱	2个
	生姜	50克
	猪五花肉片	600克

做法

1 制作照烧酱：材料A放入锅中，以小火加热拌煮至勾芡状，冷却后冷藏一夜再使用。

2 洋葱切丝、生姜切片备用。

3 姜先小火煸香，放入洋葱和猪五花肉片，拌炒至肉呈半熟，再加入200～250克照烧酱，继续炒至轻微勾芡状即可。

小贴士

- 姜汁猪五花夹入面包时，可以再搭配喜欢的奶酪片、生菜或莴苣衬底。

日式柚子辣椒蟹味菇

材料

A	蟹味菇	2包
	红甜椒	1个
	黄甜椒	1个
B	薄盐酱油	60克
	果醋	10克
	柚子辣椒酱	15克

做法

1 材料A切条后，以热水汆烫约2分钟，沥干后冷却。

2 再依序拌入材料B即可，浸渍40～60分钟再食用，风味更佳。

小贴士

- 材料B柚子辣椒酱调味料可换成50克芥末籽酱。

黑松露菌菇鸡肉

材料

A	红甜椒	1个
	黄甜椒	1个
	白玉菇	2包
B	日式清酱油	18克
	果醋	5克
	黑松露酱	8克
C	熏鸡肉条	130克

做法

1 材料A切条后，以热水汆烫约2分钟，沥干后冷却。

2 再依序拌入材料B、C即可。

CHAPTER 2

SOFT TOAST

柔软吐司

完熟吐司

Quantity 分量 | 6 条

吐司模 196 毫米 ×106 毫米 ×110 毫米）

材料 INGREDIENTS

冷藏中种	百分比（%）	重量（克）
A 高筋面粉	50	755
细砂糖	5	76
海盐	0.1	2
低糖酵母	0.2	3
动物性鲜奶油	15	227
水	25	378

主面团	百分比（%）	重量（克）
B 特高筋面粉	30	453
高筋面粉	20	302
细砂糖	7	106
海盐	1.7	26
高糖酵母	1	15
水	39	589
C 发酵奶油	8	121
合计	202%	3053克

基本工序 PROCESS

冷藏中种制作

材料A搅拌至面团表面微光滑，建议种温24℃，28℃发酵60分钟，再于5℃冷藏12～16小时。

搅拌制程

材料B与发酵种低速搅拌成团，中速搅拌至面团表面微光滑，加入材料C，搅拌至完全扩展，终温25℃。

一次发酵

28℃发酵30分钟，排气翻面后发酵20分钟。

分割

250克，2个1组，折叠收圆。

醒发

28℃发酵25分钟。

整形

第1次擀卷，醒发5～10分钟。
第2次擀卷。
入模。

二次发酵

32℃发酵60分钟。

烤制

加盖，上火220℃、下火240℃烤制约32分钟。

"熟"即指熟成

先制作发酵种，发酵种熟成的过程是一种酸化过程，借由酵种散发出的发酵香味，促使新面团发酵熟成，以缩短发酵时间，最后让产品拥有迷人的发酵熟成风味。

做法 STEP BY STEP

1 冷藏中种制作

材料A搅拌至面团表面微光滑（建议发酵种温度24℃），放入密封容器，于28℃发酵60分钟，再于5℃冷藏12～16小时。

2 搅拌制程

材料B与发酵种放入搅拌缸，以低速搅拌成团，转中速搅拌至面团表面微光滑，再加入材料C搅拌至完全扩展，面团终温25℃。

3 一次发酵、排气翻面

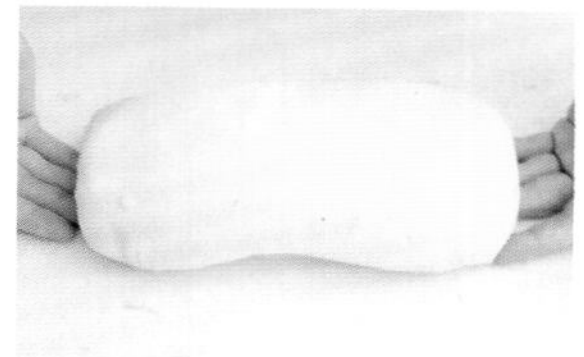

面团于28℃发酵30分钟，面团压平后翻面，采用3折1次法，于28℃继续发酵20分钟。

4 分割、醒发

发酵好的面团分割成每个250克，共12个，分别折叠后收圆。将分割好的面团于28℃发酵25分钟。

5 整形、二次发酵

第1次擀卷

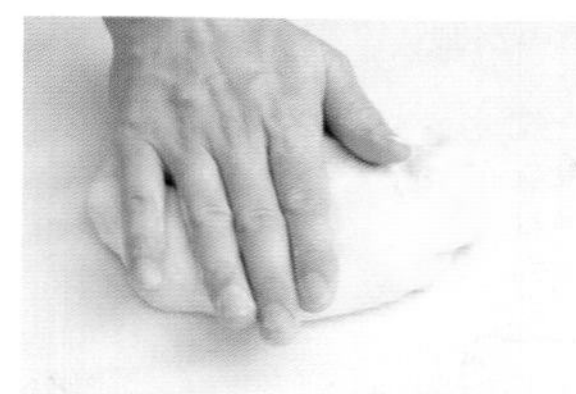

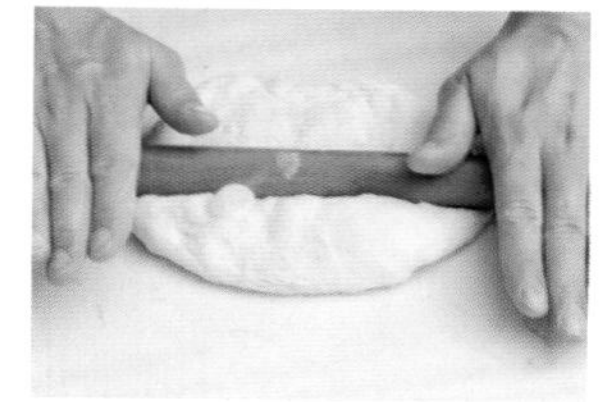

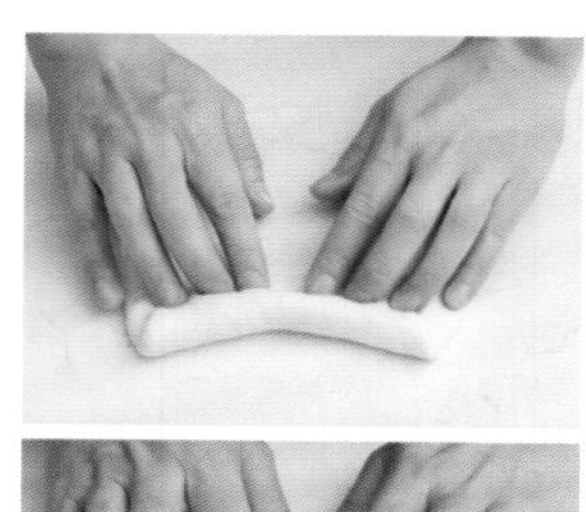

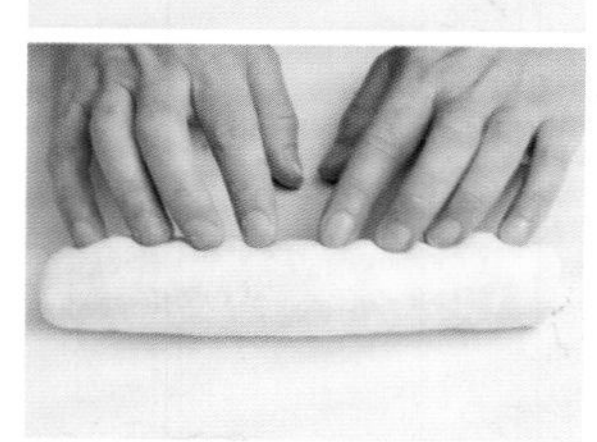

轻拍面团排出气体后，从中间朝上下擀成厚薄一致的椭圆形，拉正成方形，卷起并收合成长圆柱，醒发5～10分钟。

第2次擀卷

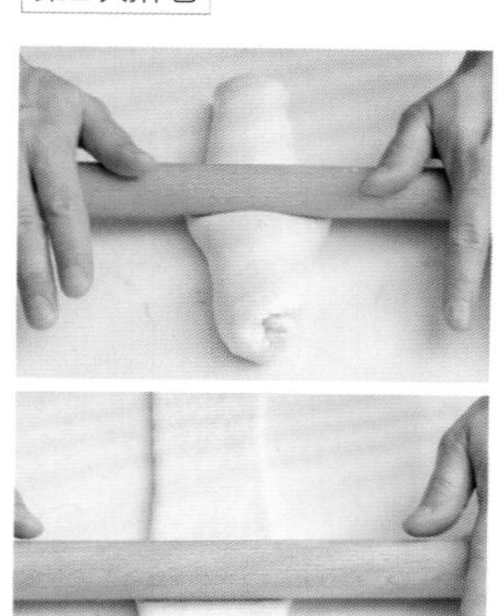

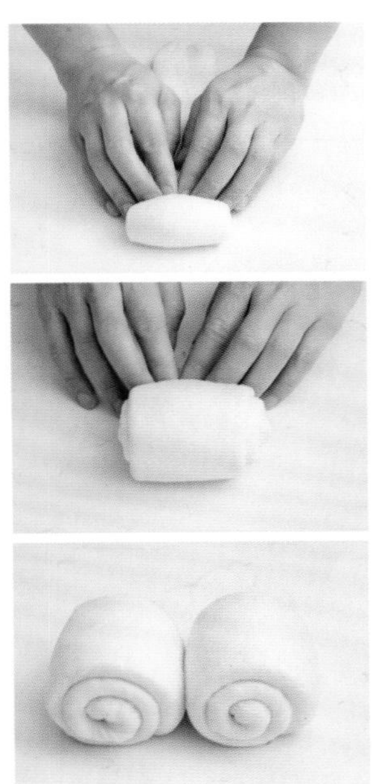

转纵向，从中间朝上下擀成厚薄一致的细长方形，卷起并收合成短圆柱。

入模

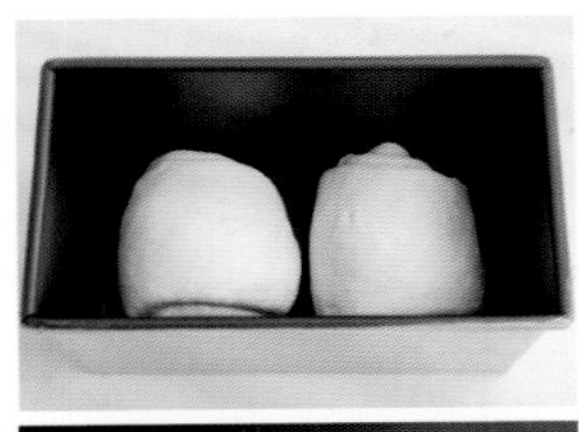

整形好的面团2个1组，收口朝下放入吐司模，共完成6模，于32℃发酵60分钟。

6 烤制

加盖后放入烤箱，用上火220℃、下火240℃，烤制约32分钟，脱模后放凉。

吐司知识库

做法5小贴士

擀卷面团力道须一致

擀卷面团的力道须均匀控制，较容易擀出厚薄一致的面皮；勿太用力，也不宜时而用力、时而放松，如此会造成每层卷度厚度不同，影响烤制完成的口感。

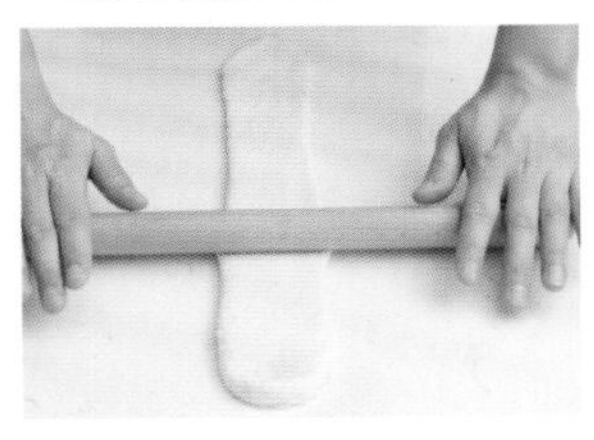

做法6小贴士

烤制后立即脱模

吐司出炉必须立刻脱模置于凉架，才能避免热气在模具内停留，而导致吐司收缩。

小红莓吐司

Quantity 分量｜6 条
（吐司模 196 毫米 ×106 毫米 ×110 毫米）

材料 INGREDIENTS

冷藏中种	百分比（%）	重量（克）
A 高筋面粉	50	710
细砂糖	5	71
海盐	0.1	1
低糖酵母	0.2	3
动物性鲜奶油	15	213
水	25	355
主面团	**百分比（%）**	**重量（克）**
B 特高筋面粉	30	426
高筋面粉	20	284
细砂糖	7	99
海盐	1.7	24
高糖酵母	1	14
水	39	554
C 发酵奶油	8	114
D 酒渍蔓越莓干（*）	30	426
合计	232%	3294 克

其他材料 OTHERS

发酵奶油

（*）酒渍蔓越莓干
保存 | 冷藏15天

▶材料

| 蔓越莓干…500克 | 琴酒…160克

▶做法

蔓越莓干先以热水汆烫，捞起后洗净并沥干，再与琴酒一起小火慢炒，炒至收汁，冷藏一夜即可使用。

基本工序 PROCESS

冷藏中种制作

材料A搅拌至面团表面微光滑，建议种温24℃，28℃发酵60分钟，再于5℃冷藏12～16小时。

搅拌制程

材料B与发酵种低速搅拌成团，中速搅拌至面团表面微光滑，加入材料C，搅拌至完全扩展，终温25℃。面团切块，分批放入搅拌缸，与材料D搅拌均匀，终温25℃。

一次发酵

28℃发酵30分钟，排气翻面后发酵20分钟。

分割

270g，2个1组，折叠收圆。

醒发

28℃发酵25分钟。

整形

折叠收圆。
入模。

二次发酵

32℃发酵60分钟。

烤制

上火170℃、下火240℃烤制约32分钟。
出炉后表面刷发酵奶油。

做法 STEP BY STEP

1 冷藏中种制作

材料A搅拌至面团表面微光滑（建议发酵种温度24℃），放入密封容器，于28℃发酵60分钟，再于5℃冷藏12～16小时。

2 搅拌制程

材料B与发酵种放入搅拌缸，以低速搅拌成团，转中速搅拌至面团表面微光滑，再加入材料C搅拌至完全扩展。材料D放入搅拌缸，面团分批放入，搅拌均匀即可，面团终温25℃。

3 一次发酵、排气翻面

面团于28℃发酵30分钟，面团压平后翻面，采用3折1次法，于28℃继续发酵20分钟。

4 分割、醒发

发酵好的面团分割成每个270g，共12个，分别折叠后收圆。将分割好的面团于28℃发酵25分钟。

5 整形、二次发酵

折叠收圆

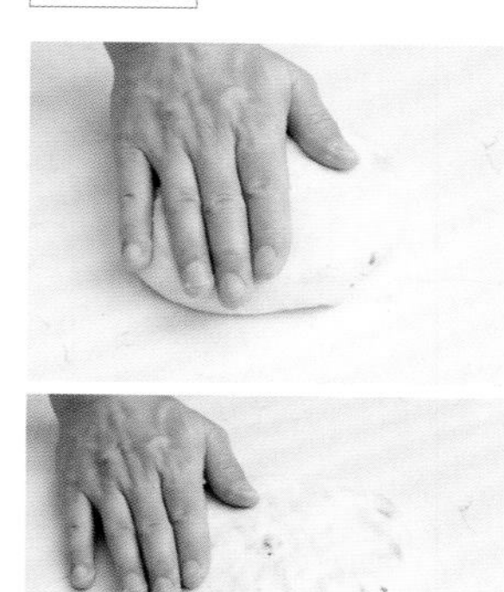

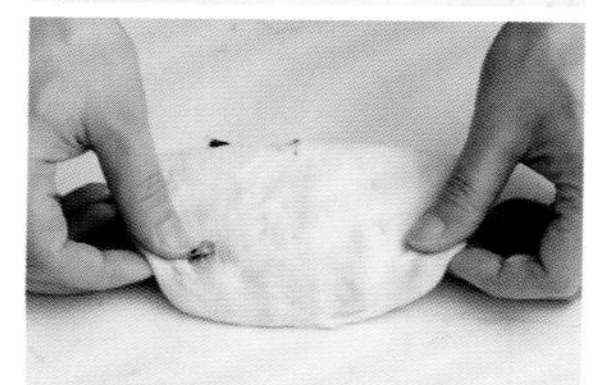

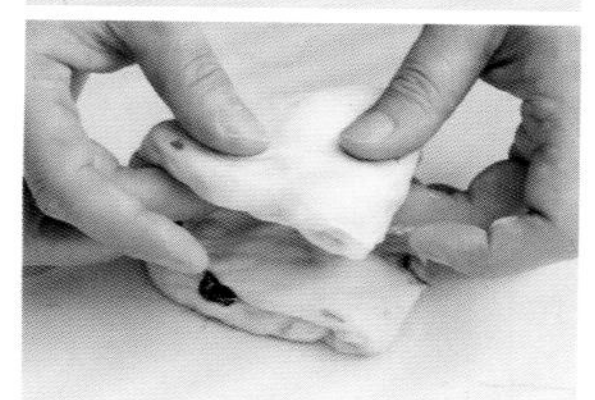

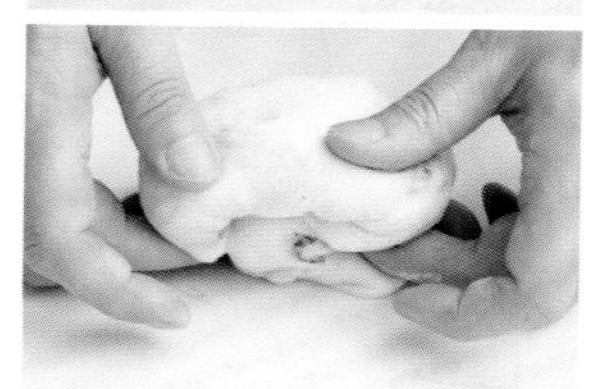

轻拍面团排出气体后，将面团对折，横向再对折，再横向对折，同时将缺口表面收至底部，滚圆收合将底部面团捏合。

入模

整形好的面团2个1组，收口朝下放入吐司模，共完成6模，于32℃发酵60分钟。

6 烤制

放入烤箱，用上火170℃、下火240℃，烘烤约32分钟，出炉并脱模，在表面立即刷发酵奶油，放凉。

纯鲜吐司

Quantity 分量｜6 条
（吐司模 196 毫米 ×106 毫米 ×110 毫米）

材料 INGREDIENTS

冷藏液种	百分比（%）	重量（克）
A 高筋面粉	20	312
海盐	0.1	2
低糖酵母	0.1	2
牛奶	18	281
无糖酸奶	10	156
主面团	**百分比（%）**	**重量（克）**
B 高筋面粉	80	1248
细砂糖	10	156
海盐	1.6	25
高糖酵母	1	16
牛奶	42	655
动物性鲜奶油	18	281
C 发酵奶油	10	156
合计	210.8%	3290 克

> “鲜”即指牛奶
>
> 鲜是指使用了牛奶，以大量乳制品制作而成，产品有淡雅的乳香味。因为乳糖最终会残留于面团中，可让烤制时色泽更为鲜明，也会使产品带有特别甜香味。

基本工序 PROCESS

冷藏液种制作

材料A拌匀，建议种温26℃，28℃发酵60分钟，再于5℃冷藏12～16小时。

搅拌制程

材料B与发酵种低速搅拌成团，中速搅拌至面团表面微光滑，加入材料C，搅拌至扩展，终温25℃。

一次发酵

28℃发酵40分钟，排气翻面后发酵20分钟。

分割

270克，2个1组，折叠收圆。

醒发

28℃发酵25分钟。

整形

第1次擀卷，醒发5～10分钟。第2次擀卷。

入模。

二次发酵

32℃发酵60分钟。

烤制

上火170℃、下火240℃烤制约32分钟。

做法 STEP BY STEP

1 冷藏液种制作

材料A搅拌均匀（建议发酵种温度26℃），放入密封容器，于28℃发酵60分钟，再于5℃冷藏12～16小时。

2 搅拌制程

材料B与发酵种放入搅拌缸，以低速搅拌成团，转中速搅拌至面团表面微光滑，再加入材料C搅拌至扩展，面团终温25℃。

3 一次发酵、排气翻面

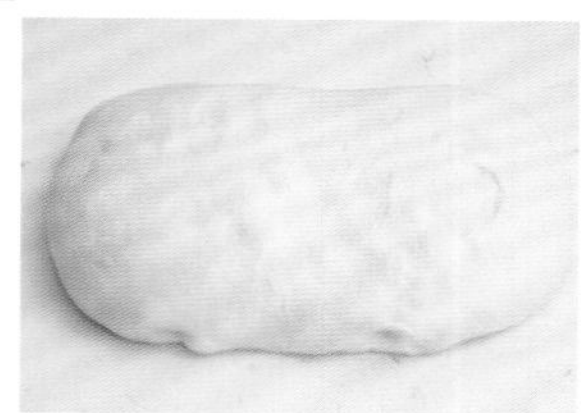

面团于28℃发酵40分钟，面团压平后翻面，采用3折1次法，于28℃继续发酵20分钟。

4 分割、醒发

发酵好的面团分割成每个270g，共12个，分别折叠后收圆。将分割好的面团于28℃发酵25分钟。

5 整形、二次发酵

第1次擀卷

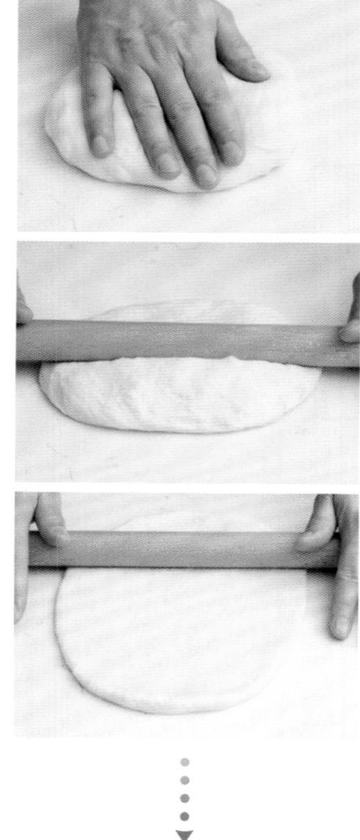

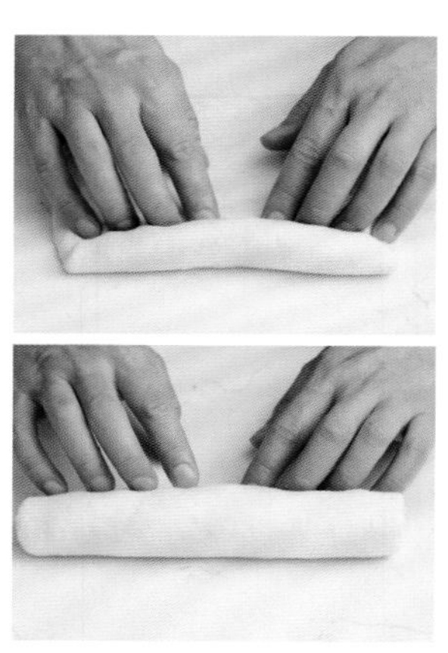

轻拍面团排出气体后，从中间朝上下擀成厚薄一致的椭圆形，拉正成方形，卷起并收合成长圆柱，醒发5～10分钟。

第2次擀卷

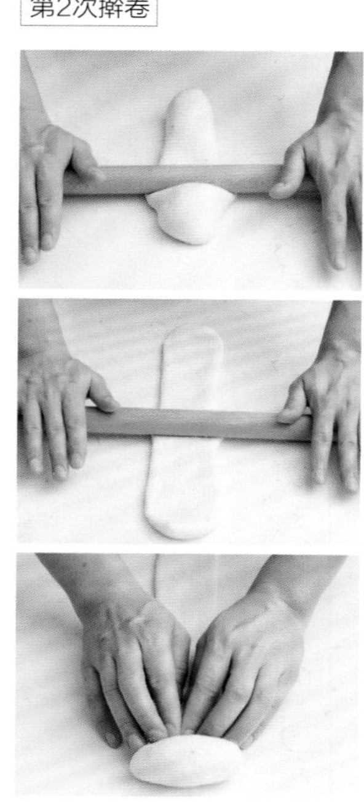

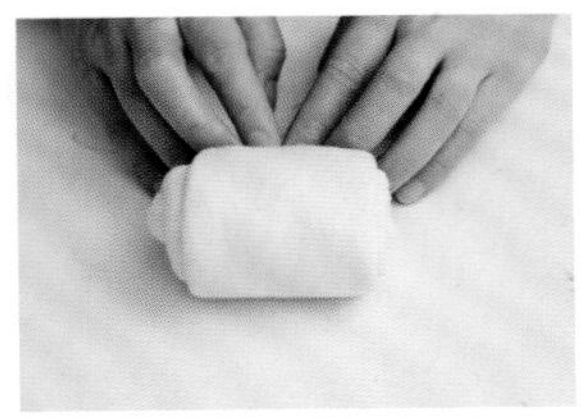

转纵向，从中间朝上下擀成厚薄一致的细长方形，卷起并收合成短圆柱。

入模

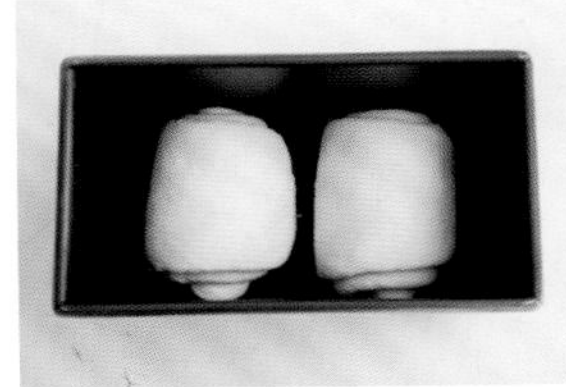

整形好的面团2个1组，收口朝下放入吐司模，共完成6模，于32℃发酵60分钟。

6 烤制

放入烤箱，用上火170℃、下火240℃，烤制约32分钟，脱模后放凉。

风味酒粕提子吐司

Quantity 分量 | 8 条
（吐司模 181 毫米 ×91 毫米 ×77 毫米）

材料 INGREDIENTS

葡萄菌种	百分比（%）	重量（克）
A 高筋面粉	30	312
海盐	0.1	1
葡萄酵液	16	166
水	16	166

主面团	百分比（%）	重量（克）
B 高筋面粉	70	728
细砂糖	10	104
海盐	1.6	17
新鲜酵母	2.5	26
水	43	447
C 发酵奶油	8	83
酒粕（P. 19）	5	52
D 酒渍葡萄干（*）	35	364
合计	237.2%	2466 克

（*）酒渍葡萄干
保存 | 冷藏15天

▶材料

青提干…300克
葡萄干…300克
杜松子琴酒…240克

▶做法

所有材料浸泡，常温放置约3天，冷藏即可使用。

基本工序 PROCESS

葡萄菌种制作

材料A拌匀，建议种温26℃，28℃发酵180分钟（1.5倍大），再于5℃冷藏15～18小时。

搅拌制程

材料B与发酵种低速搅拌成团，中速搅拌至面团表面微光滑，加入材料C，搅拌至完全扩展。

面团切块，分批放入搅拌缸，与材料D搅拌均匀，终温25℃。

一次发酵

28℃发酵40分钟，排气翻面后发酵20分钟。

分割

100克，3个1组，折叠收圆。

醒发

28℃发酵25分钟。

整形

折叠收圆。
入模。

二次发酵

32℃发酵60分钟。

烤制

上火170℃、下火240℃烤制约25分钟。

做法 STEP BY STEP

1 葡萄菌种制作

材料A搅拌均匀（建议发酵种温度26℃），放入密封容器，于28℃发酵180分钟（发酵状态约发酵种的1.5倍大），再于5℃冷藏15～18小时。

2 搅拌制程

材料B与发酵种放入搅拌缸，以低速搅拌成团，转中速搅拌至面团表面微光滑，再加入材料C，搅拌至完全扩展，取出面团后切块。材料D放入搅拌缸，面团分批放入，搅拌均匀即可，面团终温25℃。

3 一次发酵、排气翻面

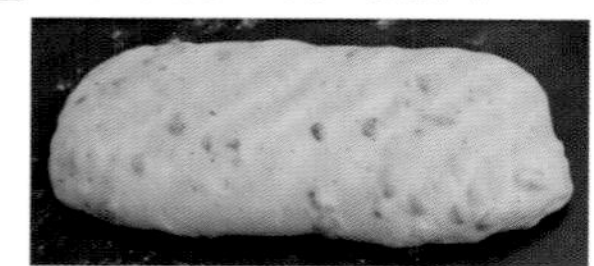

面团于28℃发酵40分钟，面团压平后翻面，采用3折1次法，于28℃继续发酵20分钟。

4 分割、醒发

发酵好的面团分割成每个100g，共24个，分别折叠后收圆。将分割好的面团于28℃发酵25分钟。

5 整形、二次发酵

折叠收圆

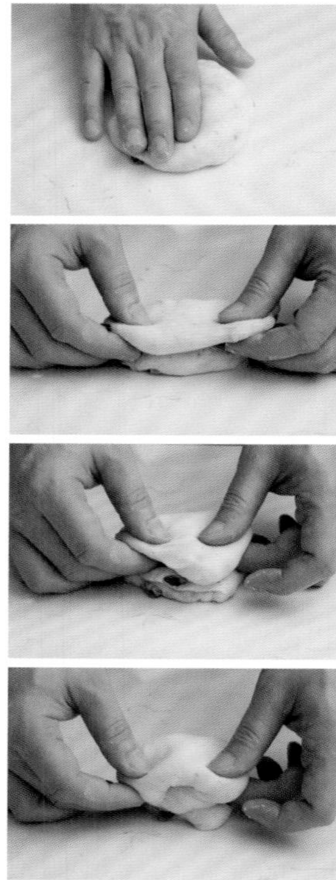

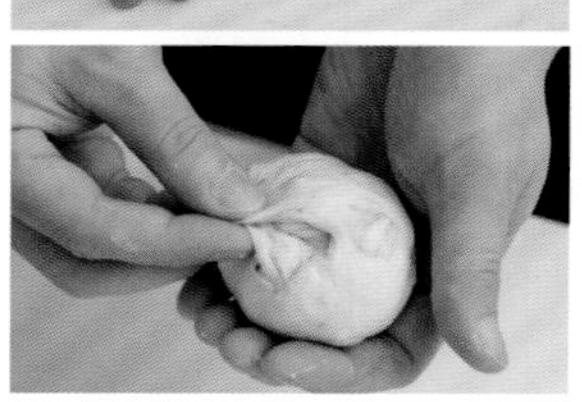

轻拍面团排出气体后，将面团对折，横向后再对折，再横向对折，同时将缺口表面收至底部，滚圆收合将底部面团捏合。

入模

整形好的面团3个1组，收口朝下放入吐司模，共完成8模，于32℃发酵60分钟。

6 烤制

放入烤箱，用上火170℃、下火240℃，烤制约25分钟，脱模后放凉。

麦吐司

Quantity 分量｜6 条

（吐司模 196 毫米 ×106 毫米 ×110 毫米）

材料 INGREDIENTS

酸奶菌种	百分比（%）	重量（克）
A 全麦粉	30	498
水	16	266
酸奶酵液（P. 18）	16	266
海盐	0.1	2
主面团	**百分比（%）**	**重量（克）**
B 高筋面粉	70	1162
细砂糖	8	133
海盐	1.8	30
新鲜酵母	3	50
水	43	714
C 发酵奶油	7	116
熟胚芽粉	3	50
合计	197.9%	3287 克

全麦粉

可选择粗磨的粉质，较能凸显风味，也会增添产品粗犷的口感。

基本工序 PROCESS

▼酸奶菌种制作

材料A拌匀，建议种温26℃，28℃发酵180分钟（1.5倍大），再于5℃冷藏12~16小时。

▼搅拌制程

材料B与发酵种低速搅拌成团，中速搅拌至面团表面微光滑，加入材料C，搅拌至扩展，终温25℃。

▼一次发酵

28℃发酵30分钟，排气翻面后发酵20分钟。

▼分割

270克，2个1组，折叠收圆。

▼醒发

28℃发酵25分钟。

▼整形

折叠收圆。
入模。

▼二次发酵

32℃发酵60分钟。

▼烤制

上火170℃、下火250℃烤制约32分钟。

做法 STEP BY STEP

1 酸奶菌种制作

材料A拌均匀（建议发酵种温度26℃），放入密封容器，于28℃发酵180分钟（发酵状态约发酵种的1.5倍大），再于5℃冷藏12～16小时。

2 搅拌制程

材料B与发酵种放入搅拌缸，以低速搅拌成团，转中速搅拌至面团表面微光滑，再加入材料C搅拌至扩展，面团终温25℃。

3 一次发酵、排气翻面

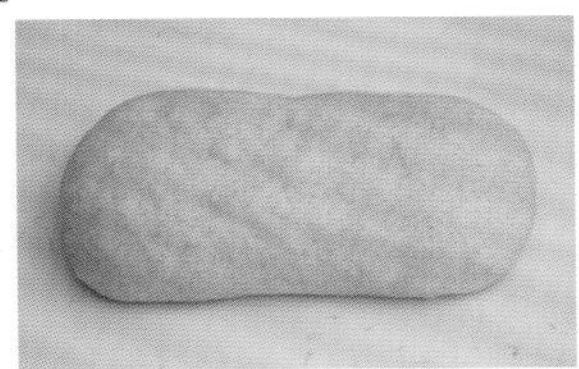

面团于28℃发酵30分钟，面团压平后翻面，采用3折1次法，于28℃继续发酵20分钟。

4 分割、醒发

发酵好的面团分割成每个270克，共12个，分别折叠后收圆。将分割好的面团于28℃发酵25分钟。

5 整形、二次发酵

折叠收圆

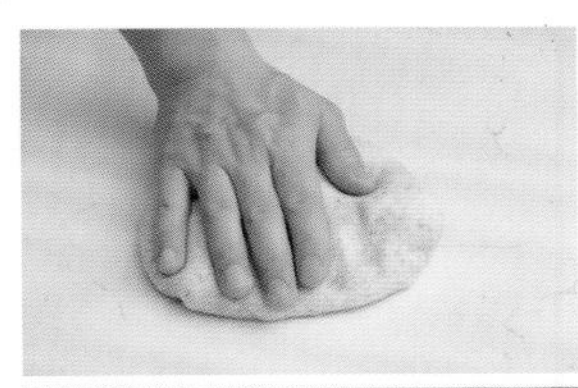

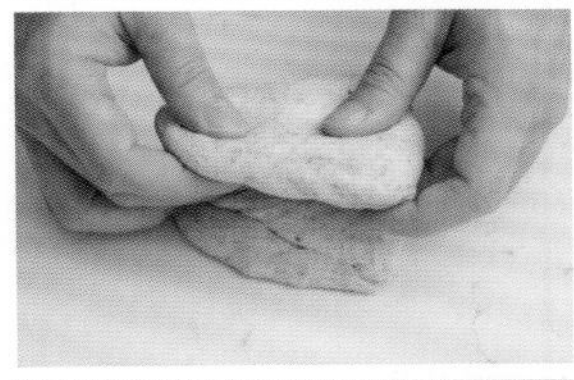

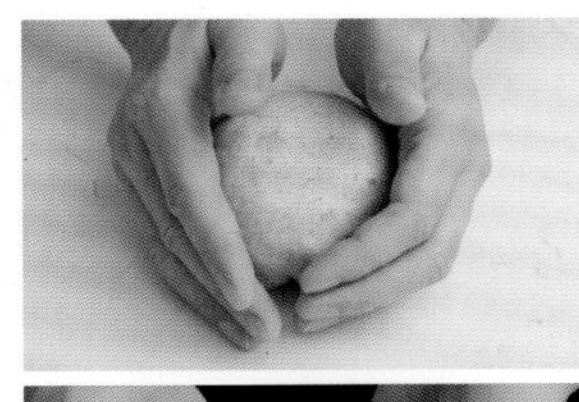

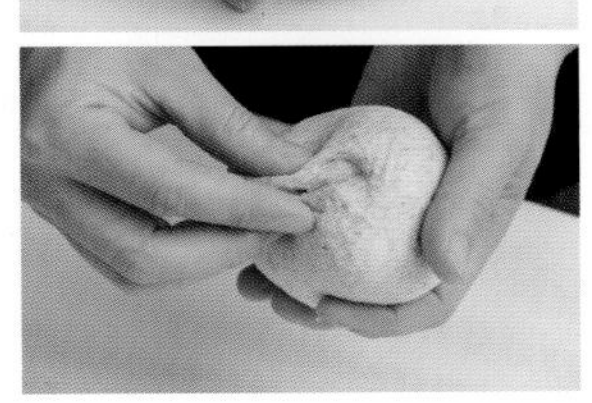

轻拍面团排出气体后，将面团对折，横向后再对折，再横向对折，同时将缺口表面收至底部，滚圆收合将底部面团捏合。

入模

整形好的面团2个1组，收口朝下放入吐司模，共完成6模，于32℃发酵60分钟。

6 烤制

放入烤箱，用上火170℃、下火250℃，烤制约32分钟，脱模后放凉。

70%生巧克力吐司

Quantity 分量｜ 8 条
（吐司模 181 毫米 ×91 毫米 ×77 毫米）

（*）可可酱

材料	百分比（%）	重量（克）
可可粉	4	45
80℃水	6	67

►做法

所有材料拌匀，冷却即可使用。

- 可可粉先以热水拌匀，可使可可粉气味更加凸显，也可降低食材对面团的破坏性。

材料 INGREDIENTS

冷藏液种	百分比（%）	重量（克）
A 高筋面粉	30	336
水	30	336
海盐	0.1	1
低糖酵母	0.2	2

主面团	百分比（%）	重量（克）
B 高筋面粉	70	784
细砂糖	12	134
海盐	1.2	13
新鲜酵母	3	34
牛奶	36	403
鸡蛋	10	112
C 可可酱（*）	10	112
生巧克力酱（**）	15	168
发酵奶油	8	90
D 橙皮丝	20	224
核桃	18	202
合计	263.5%	2951 克

其他材料 OTHERS

发酵奶油

基本工序 PROCESS

冷藏液种制作

材料A拌匀，建议种温26℃，28℃发酵60分钟，再于5℃冷藏12～16小时。

搅拌制程

材料B与发酵种低速搅拌成团，中速搅拌至面团表面微光滑，加入材料C，搅拌至完全扩展。

面团切块，分批放入搅拌缸，与材料D搅拌均匀，终温25℃。

一次发酵

28℃发酵40分钟，排气翻面后发酵20分钟。

分割

180g，2个1组，折叠收圆。

醒发

28℃发酵25分钟。

整形

折叠收圆。

入模。

二次发酵

32℃发酵60分钟。

烤制

上火170℃、下火240℃烤制约25分钟。出炉后表面刷上发酵奶油。

（**）生巧克力酱

材料	百分比（%）	重量（克）
70%黑巧克力	10	112
动物性鲜奶油	5	56

►做法

所有材料隔水加热融化、拌匀，冷却即可使用。

- 同时加入可可酱与生巧克力酱，其目的是希望巧克力风味能更凸显，并通过2种以上的材料彼此堆叠，使材料之间互相结合，产生更浓郁多层次的风味。

做法 STEP BY STEP

1 冷藏液种制作

材料A搅拌均匀（建议发酵种温度26℃），放入密封容器，于28℃发酵60分钟，再于5℃冷藏12~16小时。

2 搅拌制程

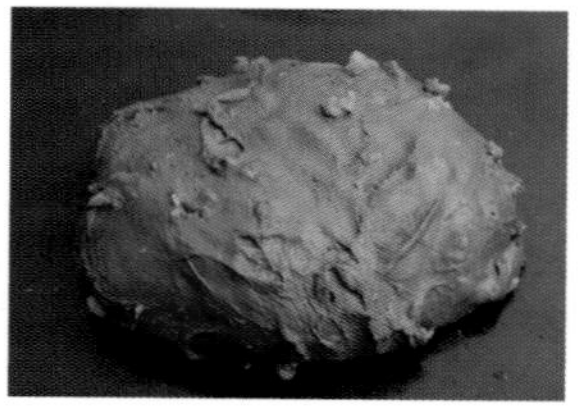

材料B与发酵种放入搅拌缸，以低速搅拌成团，转中速搅拌至面团表面微光滑，再加入材料C，搅拌至完全扩展，取出面团后切块。材料D放入搅拌缸，面团分批放入，搅拌均匀即可，面团终温25℃。

3 一次发酵、排气翻面

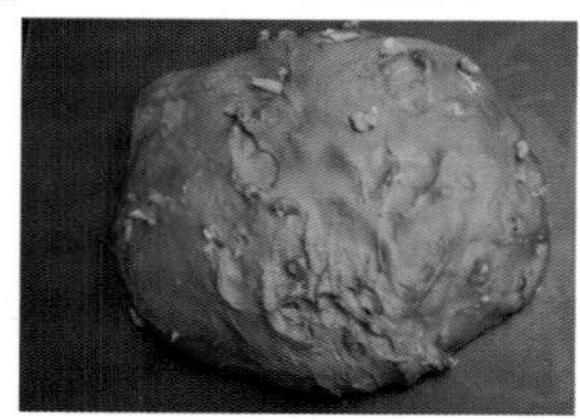

面团于28℃发酵40分钟，面团压平后翻面，采用3折1次法，于28℃继续发酵20分钟。

4 分割、醒发

发酵好的面团分割成每个180g，共16个，分别折叠后收圆。将分割好的面团于28℃发酵25分钟。

5 整形、二次发酵

折叠收圆

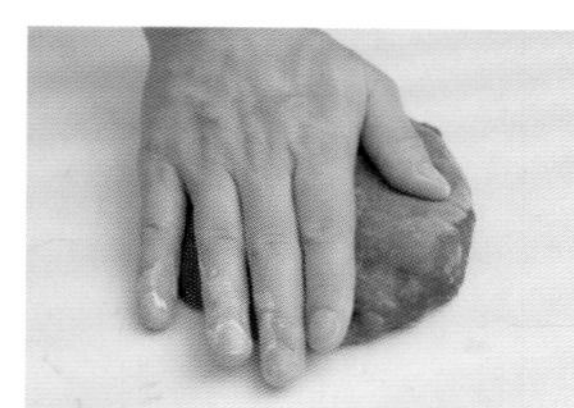

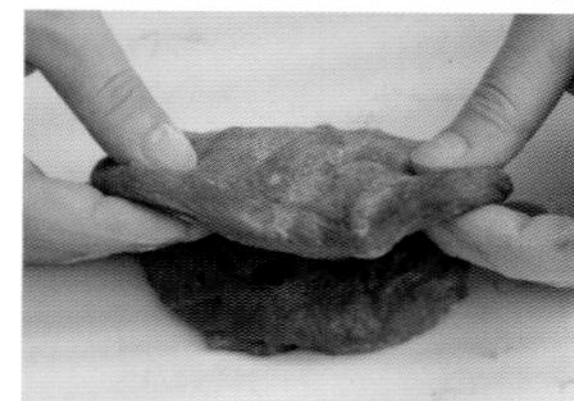

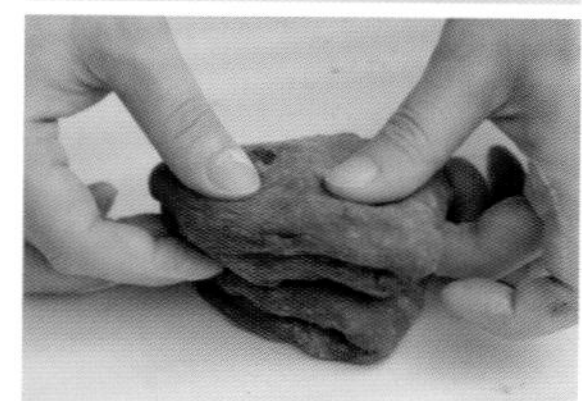

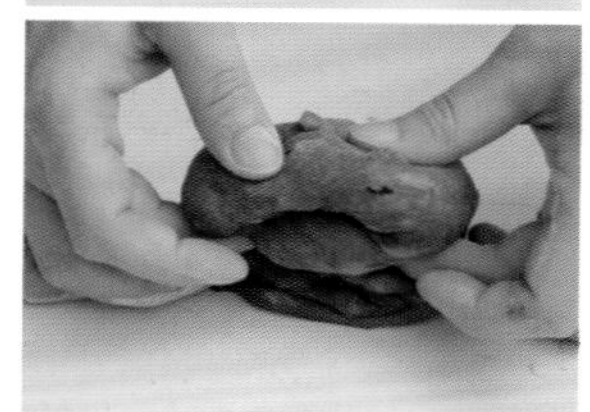

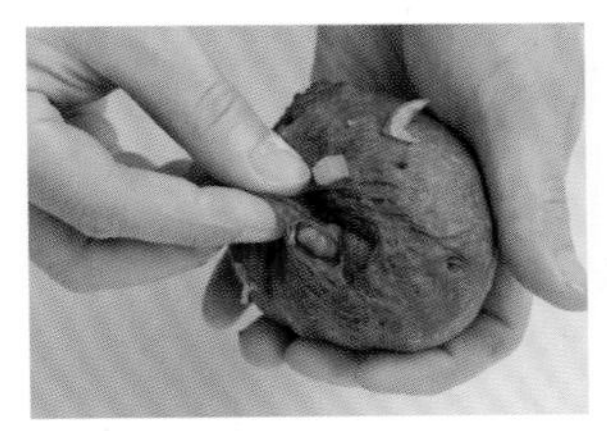

轻拍面团排出气体后，将面团对折，横向后再对折，再横向对折，同时将缺口表面收至底部，滚圆收合将底部面团捏合。

入模

整形好的面团2个1组，收口朝下放入吐司模，共完成8模，于32℃发酵60分钟。

6 烤制

放入烤箱，用上火170℃、下火240℃，烤制约25分钟，出炉并脱模，在表面立即刷发酵奶油，放凉。

熟成香蕉吐司

Quantity 分量｜15 条
（吐司模 70 毫米 ×70 毫米 ×70 毫米）

(*) 巧克力酥
保存｜冷冻30天

▶材料

高筋面粉…260克
低筋面粉…260克
细砂糖…520克
可可粉…60克
无盐奶油…160克

▶做法

所有材料拌匀即可，可依需要量分装后冷冻保存。

材料 INGREDIENTS

香蕉液种	百分比（%）	重量（克）
A 法国面粉	30	180
水	10	60
新鲜香蕉	30	180
海盐	0.1	1
低糖酵母	0.2	1
主面团	**百分比（%）**	**重量（克）**
B 高筋面粉	70	420
细砂糖	10	60
海盐	1.5	9
高糖酵母	1	6
牛奶	51	306
C 发酵奶油	6	36
合计	209.8%	1259 克

其他材料 OTHERS

焙烤纸、杏仁片、巧克力酥（*）
香蕉杏仁馅（**）

（**）香蕉杏仁馅
保存｜冷藏5天

▶材料

A 无盐奶油…100克
糖粉…100克
B 鸡蛋…100克
杏仁粉…100克
戚风蛋糕屑…280克
C 新鲜香蕉…180克
D 朗姆酒…20克

▶做法

奶油先打发至变白，加入糖粉拌匀，再加入已拌匀的材料B，拌匀后依序加入材料C、D，拌匀即可冷藏保存。

基本工序 PROCESS

香蕉液种制作
材料A拌匀，建议种温26℃，28℃发酵60分钟，再于5℃冷藏12～16小时。

搅拌制程
材料B与发酵种低速搅拌成团，中速搅拌至面团表面微光滑，加入材料C，搅拌至完全扩展，终温25℃。

一次发酵
28℃发酵40分钟。

分割
80g，折叠收圆。

醒发
28℃发酵30分钟。

整形
模具底部撒上杏仁片，再铺上15g巧克力酥，压平。手拍擀卷，擀开后抹上30g香蕉杏仁馅，卷起。
入模。

二次发酵
32℃发酵60分钟。

烤制
上火210℃、下火220℃烤制约18分钟。

做法 STEP BY STEP

1 香蕉液种制作

材料A搅拌均匀（建议发酵种温度26℃），放入密封容器，于28℃发酵60分钟，再于5℃冷藏12~16小时。

2 搅拌制程

材料B与发酵种放入搅拌缸，以低速搅拌成团，转中速搅拌至面团表面微光滑，再加入材料C搅拌至完全扩展，面团终温25℃。

3 一次发酵

面团于28℃发酵40分钟。

4 分割、醒发

发酵好的面团分割成每个80g，共15个，分别折叠后收圆。将分割好的面团于28℃发酵30分钟。

5 整形、二次发酵

铺底

模具底部先铺上焙烤纸，撒上杏仁片，再铺上15克巧克力酥，均匀压合并填平。

手拍擀卷

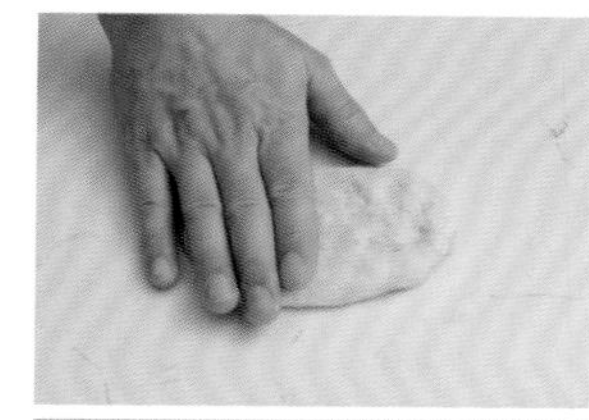

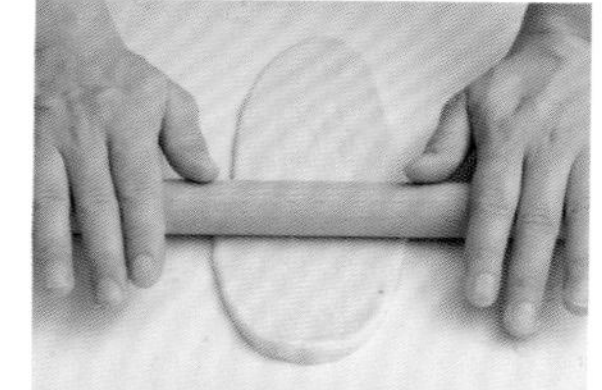

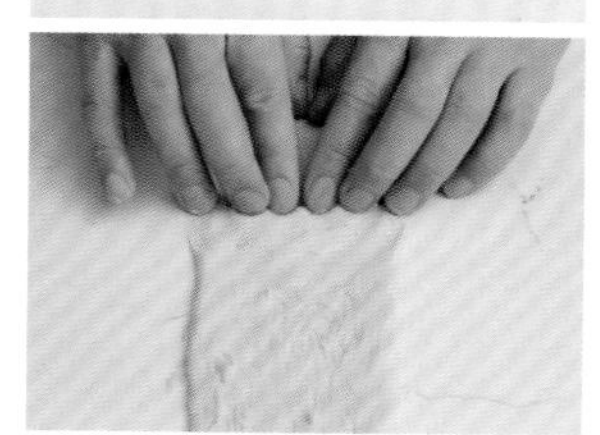

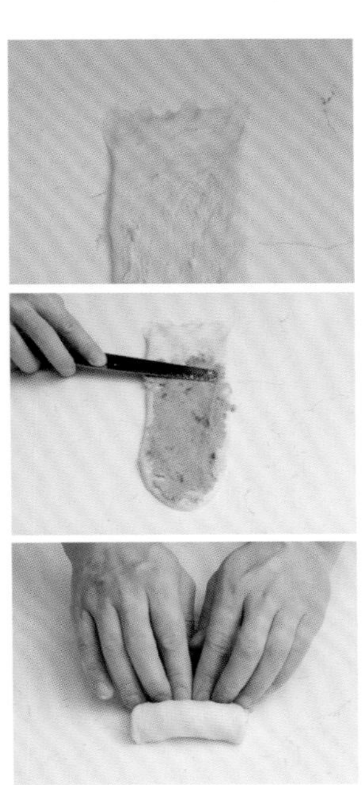

轻拍面团排出气体后，从中间朝上下擀成厚薄一致的椭圆形，拉正成方形，底部压薄捏合，抹上30克香蕉杏仁馅于面团表面，卷起收合成长圆柱，切2刀平均分成3等份。

入模

将分切后的面团剖面朝上，放入吐司模，于32℃发酵60分钟。

6 烤制

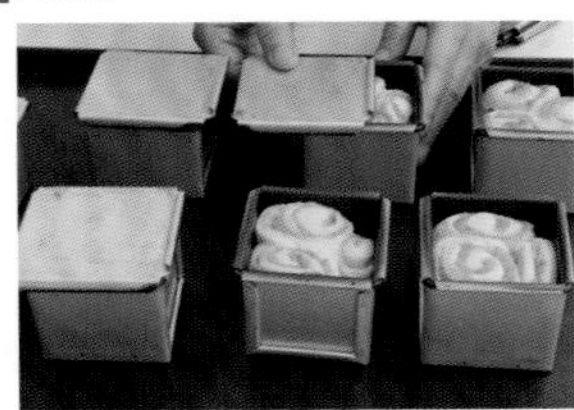

加盖，放入烤箱，用上火210℃、下火220℃，烤制约18分钟，脱模后放凉。

抹茶红豆吐司

Quantity 分量 | 8 条
（吐司模 181 毫米 ×91 毫米 ×77 毫米）

（*）奶绿

材料	百分比（%）	重量（克）
80℃牛奶	75	788
茉莉绿茶叶	2	21

►做法

茶叶先打成粉末状，倒入已加热至80℃的牛奶中浸泡，待冷却即可和发酵种搅拌，剩余的部分冷藏一夜，后续加入主面团中。

材料 INGREDIENTS

冷藏中种	百分比（%）	重量（克）
A 高筋面粉	30	315
细砂糖	3	32
海盐	0.1	1
低糖酵母	0.2	2
奶绿（*）	22	231
主面团	**百分比（%）**	**重量（克）**
B 高筋面粉	70	735
细砂糖	8	84
海盐	1.2	13
新鲜酵母	3	32
奶绿（*）	55	578
动物性鲜奶油	12	126
C 发酵奶油	8	84
抹茶酱（**）	7.5	79
合计	220%	2312 克

其他材料 OTHERS

蜜红豆粒、鸡蛋

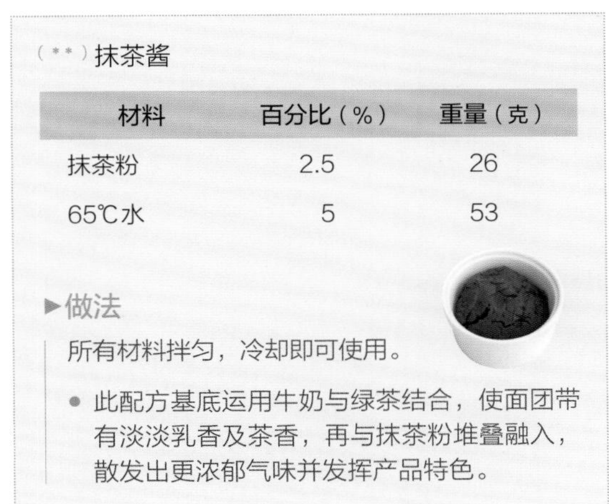

（**）抹茶酱

材料	百分比（%）	重量（克）
抹茶粉	2.5	26
65℃水	5	53

▶做法

所有材料拌匀，冷却即可使用。

- 此配方基底运用牛奶与绿茶结合，使面团带有淡淡乳香及茶香，再与抹茶粉堆叠融入，散发出更浓郁气味并发挥产品特色。

基本工序 PROCESS

冷藏中种制作

材料A搅拌至面团表面微光滑，建议种温24℃，28℃发酵60分钟，再于5℃冷藏12～16小时。

搅拌制程

材料B与发酵种低速搅拌成团，中速搅拌至面团表面微光滑，加入材料C，搅拌至完全扩展，终温25℃。

一次发酵

28℃发酵40分钟，排气翻面后发酵20分钟。

分割

280克，折叠收圆。

醒发

28℃发酵25分钟。

整形

手拍擀卷，擀开后铺上70g蜜红豆粒，卷起成形后，在面团表面割数条斜线。
入模。

二次发酵

32℃发酵50分钟。

烤制

表面刷上鸡蛋液。
上火170℃、下火240℃烤制约25分钟。

做法 STEP BY STEP

1 冷藏中种制作

材料A搅拌至面团表面微光滑（建议发酵种温度24℃），放入密封容器，于28℃发酵60分钟，再于5℃冷藏12～16小时。

2 搅拌制程

材料B与发酵种放入搅拌缸，以低速搅拌成团，转中速搅拌至面团表面微光滑，再加入材料C搅拌至完全扩展，面团终温25℃。

3 一次发酵、排气翻面

面团于28℃发酵40分钟，面团压平后翻面，采用3折1次法，于28℃继续发酵20分钟。

4 分割、醒发

发酵好的面团分割成每个280g，共8个，分别折叠后收圆。将分割好的面团于28℃发酵25分钟。

5 整形、二次发酵

手拍擀卷

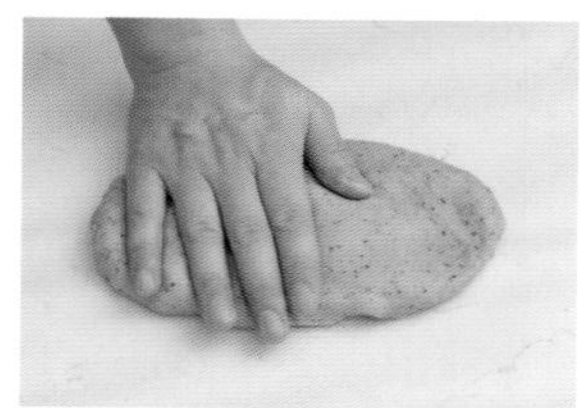

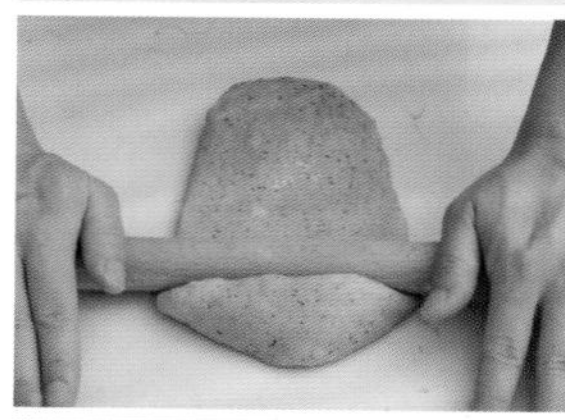

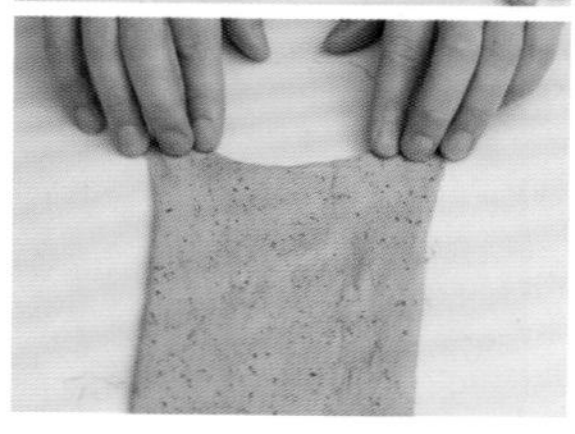

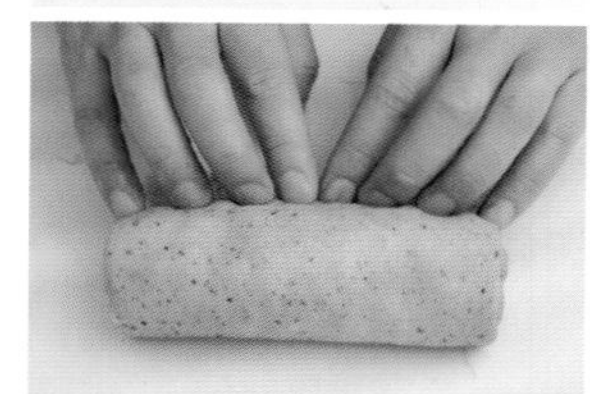

轻拍面团排出气体后，从中间朝上下擀成厚薄一致的椭圆形，拉正成方形，底部压薄捏合，于面团表面的上缘2/3处铺上70克蜜红豆粒，卷起收合成长圆柱，将其表面以锯齿刀割划6斜刀。

入模

整形好的面团收口朝下放入吐司模，共完成8模，于32℃发酵50分钟。

6 烤制

表面刷上鸡蛋液，放入烤箱，用上火170℃、下火240℃，烤制约25分钟，脱模后放凉。

芋见桂花吐司

Quantity 分量｜12 条
（吐司模 130 毫米 ×60 毫米 ×60 毫米）

（*）浓缩牛奶

浓缩牛奶是生乳浓缩的浓缩乳，使用量建议勿超过总水量50%以上。

材料 INGREDIENTS

冷藏中种	百分比（%）	重量（克）
A 高筋面粉	30	165
细砂糖	3	17
海盐	0.1	1
低糖酵母	0.2	1
水	12	66
浓缩牛奶	12	66
主面团	**百分比（%）**	**重量（克）**
B 高筋面粉	70	385
细砂糖	16	88
海盐	1.2	7
新鲜酵母	3	17
浓缩牛奶（*）	26	143
水	26	143
C 发酵奶油	8	44
合计	207.5%	1143克

其他材料 OTHERS

桂花香芋馅（**）、鸡蛋、杏仁片

（**）桂花香芋馅
保存 | 冷藏5天

▶材料

芋头（去皮）…600克
赤砂糖…140克
水麦芽…40克
动物性鲜奶油…40克
紫薯粉…15克
海盐…2克
桂花酱…35克

▶做法

芋头蒸熟，趁热加入其他材料，搅拌均匀，冷却后冷藏一夜即可使用。

- 芋头馅添加桂花酱，可以使馅料散发出淡淡桂花清香，两者搭配有加分效果，互不干扰。

基本工序 PROCESS

冷藏中种制作

材料A搅拌至面团表面微光滑，建议种温24℃，28℃发酵60分钟，再于5℃冷藏12～16小时。

搅拌制程

材料B与发酵种低速搅拌成团，中速搅拌至面团表面微光滑，加入材料C，搅拌至完全扩展，终温25℃。

一次发酵

28℃发酵40分钟，排气翻面后发酵20分钟。

分割

90克，折叠收圆。

醒发

28℃发酵20分钟。

整形

手拍擀卷，擀开后抹上40克桂花香芋馅，卷起后轻擀表面，平均分切2刀，打辫子。
入模。

二次发酵

32℃发酵50分钟。

烤制

表面刷上鸡蛋液，装饰适量杏仁片。上火170℃、下火240℃烤制约18分钟。

做法 STEP BY STEP

1 冷藏中种制作

材料A搅拌至面团表面微光滑（建议发酵种温度24℃），放入密封容器，于28℃发酵60分钟，再于5℃冷藏12～16小时。

2 搅拌制程

材料B与发酵种放入搅拌缸，以低速搅拌成团，转中速搅拌至面团表面微光滑，再加入材料C搅拌至完全扩展，面团终温25℃。

3 一次发酵、排气翻面

面团于28℃发酵40分钟，面团压平后翻面，采用3折1次法，于28℃继续发酵20分钟。

4 分割、醒发

发酵好的面团分割成每个90克，共12个，分别折叠后收圆。将分割好的面团于28℃发酵20分钟。

5 整形、二次发酵

手拍擀卷

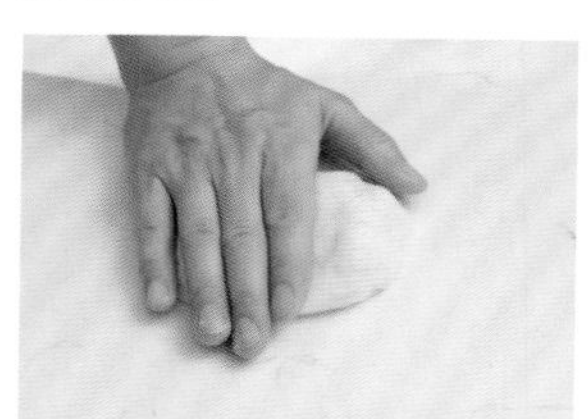

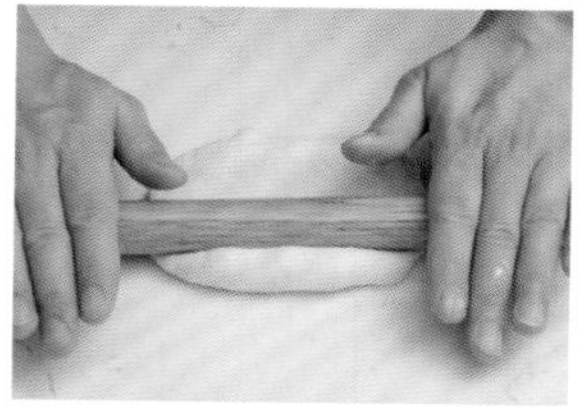

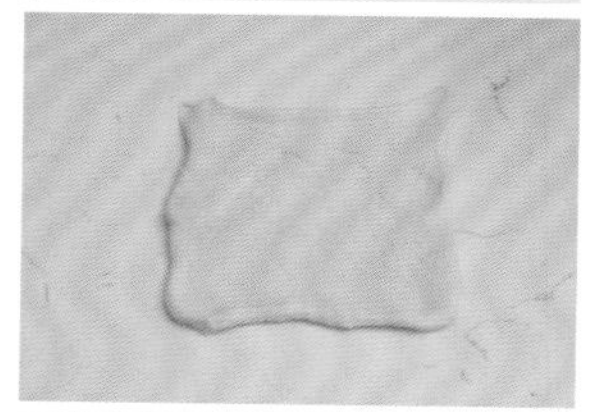

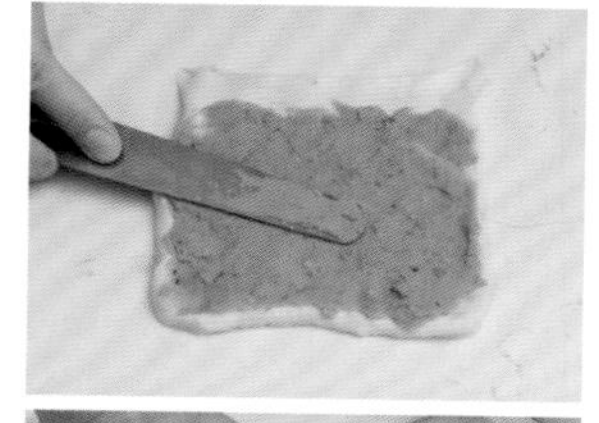

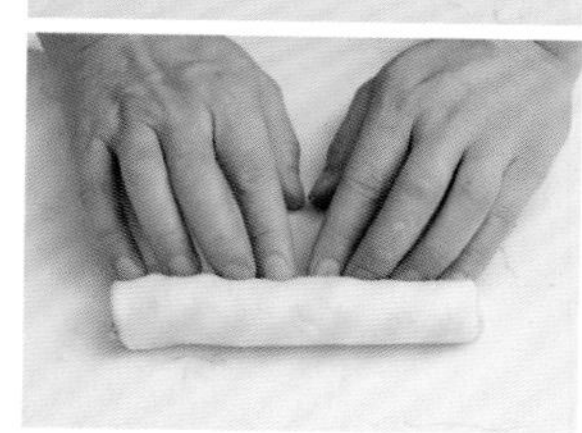

轻拍面团排出气体后，从中间朝上下擀成厚薄一致的椭圆形，拉正成方形，于面团表面抹上40克桂花香芋馅，卷起收合成长圆柱。

打辫子

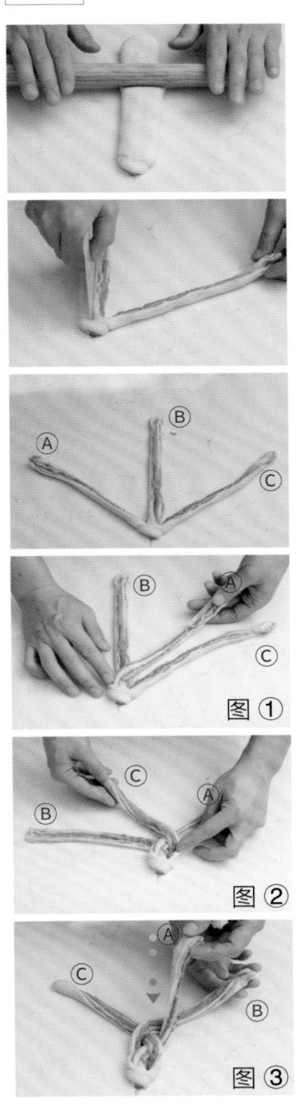

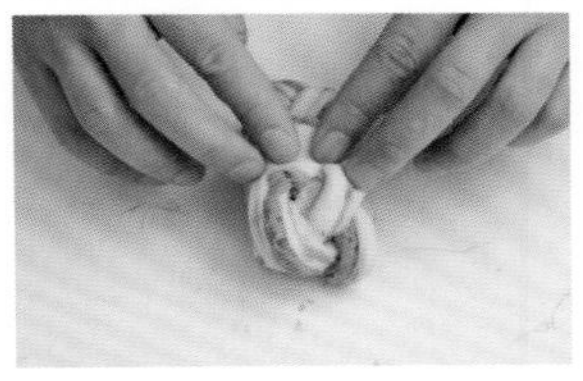

转向将其表面轻擀成平行面，头段预留一小截，分切2刀尾段切断。取3条交叉打辫子，编号Ⓐ叠在Ⓑ上方（图①）、Ⓒ叠在Ⓐ上方（图②）、Ⓑ叠在Ⓒ上方（图③），依此顺序交叉打辫子至完成，收口端捏合，再将面团以3折1次法折叠。

入模

整形好的面团收口朝下放入吐司模，共完成12模，于32℃发酵50分钟。

6 烤制

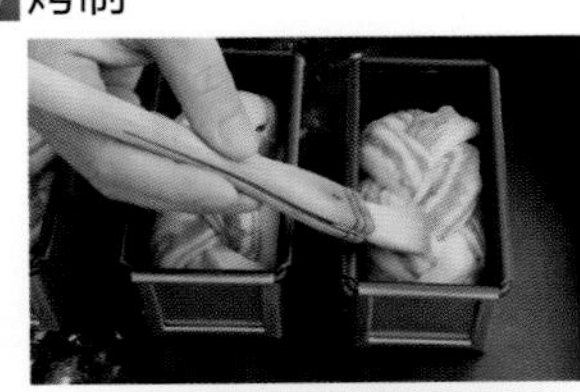

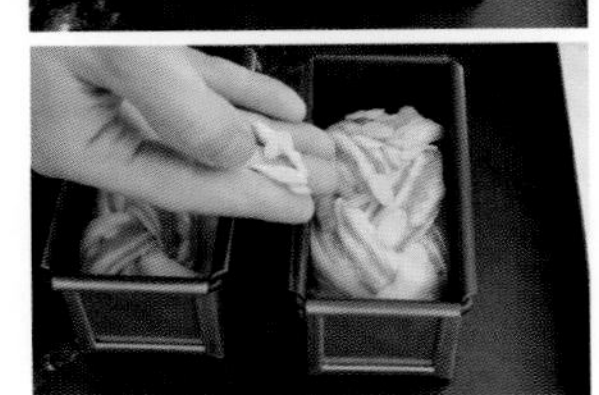

表面刷上鸡蛋液，撒上杏仁片，放入烤箱，用上火170℃、下火240℃，烤制约18分钟，脱模后放凉。

柳橙椪柑吐司

Quantity 分量 | 8 条
（吐司模 181 毫米 ×91 毫米 ×77 毫米）

材料 INGREDIENTS

柳橙液种	百分比（%）	重量（克）
A 高筋面粉	30	348
100%柳橙汁	33	383
海盐	0.1	1
低糖酵母	0.2	2

主面团	百分比（%）	重量（克）
B 高筋面粉	70	812
细砂糖	12	139
海盐	1.5	17
新鲜酵母	3	35
100%柳橙汁	44	510
C 发酵奶油	8	93
D 柳橙椪柑（*）	25	290
合计	226.8%	2630 克

（*）柳橙椪柑

保存 | 冷藏7天

▶材料

| 椪柑果干…500克 | 100%柳橙汁…250克

▶做法

椪柑果干剪碎，与柳橙汁一起小火慢炒至收汁，冷却后即可冷藏保存。

- 椪柑果干利用柳橙汁进行水分还原，使气味更加浓郁。
- 新鲜现打果汁虽然也可以使用，但无法控制品质状况，故选择市售稳定100%原汁来制作，除了便利外，最主要优点是可以制作出稳定的产品。

基本工序 PROCESS

柳橙液种制作

材料A拌匀，建议种温26℃，28℃发酵60分钟，再于5℃冷藏12～16小时。

搅拌制程

材料B与发酵种低速搅拌成团，中速搅拌至面团表面微光滑，加入材料C，搅拌至完全扩展。

面团切块，分批放入搅拌缸，与材料D搅拌均匀，终温25℃。

一次发酵

28℃发酵40分钟，排气翻面后发酵20分钟。

分割

160克，2个1组，折叠收圆。

醒发

28℃发酵25分钟。

整形

折叠收圆。

入模。

二次发酵

32℃发酵60分钟。

烤制

上火170℃、下火240℃烤制约25分钟。

做法 STEP BY STEP

1 柳橙液种制作

材料A搅拌均匀（建议发酵种温度26℃），放入密封容器，于28℃发酵60分钟，再于5℃冷藏12~16小时。

2 搅拌制程

材料B与发酵种放入搅拌缸，以低速搅拌成团，转中速搅拌至面团表面微光滑，再加入材料C，搅拌至完全扩展，取出面团后切块。材料D放入搅拌缸，面团分批放入，搅拌均匀即可，面团终温25℃。

3 一次发酵、排气翻面

面团于28℃发酵40分钟，面团压平后翻面，采用3折1次法，于28℃继续发酵20分钟。

4 分割、醒发

发酵好的面团分割成每个160克，共16个，分别折叠后收圆。将分割好的面团于28℃发酵25分钟。

5 整形、二次发酵

折叠收圆

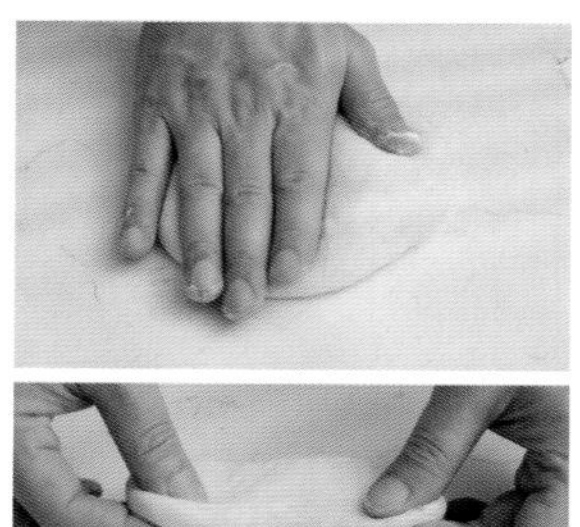

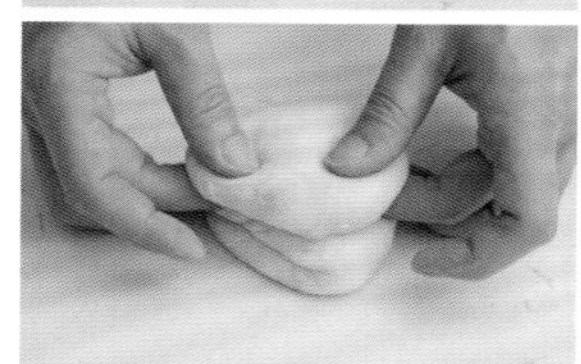

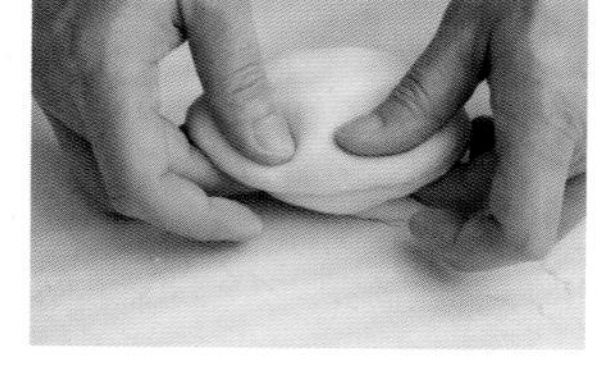

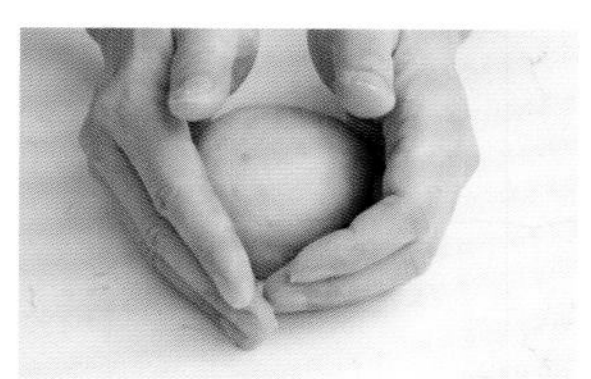

轻拍面团排出气体后，将面团对折，横向再对折，再横向对折，同时将缺口表面收至底部，滚圆收合将底部面团捏合。

入模

整形好的面团2个1组，收口朝下放入吐司模，共完成8模，于32℃发酵60分钟。

6 烤制

放入烤箱，用上火170℃、下火240℃，烤制约25分钟，脱模后放凉。

蓝莓酸奶吐司

Quantity 分量 | 8 条

（吐司模 181 毫米 ×91 毫米 ×77 毫米）

材料 INGREDIENTS

酸奶菌种	百分比（%）	重量（克）
A 高筋面粉	30	312
海盐	0.1	1
酸奶酵液（P. 18）	16	166
水	16	166
主面团	**百分比（%）**	**重量（克）**
B 高筋面粉	70	728
细砂糖	12	125
海盐	1.5	16
新鲜酵母	3	31
新鲜蓝莓	15	156
牛奶	38	395
C 发酵奶油	10	104
D 酒渍蓝莓干（*）	25	260
合计	236.6%	2460 克

其他材料 OTHERS

发酵奶油

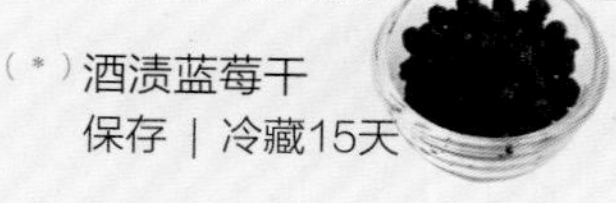

（*）酒渍蓝莓干

保存 | 冷藏15天

▶材料

| 蓝莓干…500克 | 杜松子琴酒…200克

▶做法

将材料一起放入锅中，以小火慢炒，炒至收汁，冷却后冷藏一夜即可使用。

基本工序 PROCESS

酸奶菌种制作

材料A拌匀，建议种温26℃，28℃发酵180分钟（1.5倍大），再于5℃冷藏12～16小时。

搅拌制程

材料B与发酵种低速搅拌成团，中速搅拌至面团表面微光滑，加入材料C，搅拌至完全扩展。

面团切块，分批放入搅拌缸，与材料D搅拌均匀，终温25℃。

一次发酵

28℃发酵40分钟，排气翻面后发酵20分钟。

分割

150克，2个1组，折叠收圆。

醒发

28℃发酵25分钟。

整形

折叠收圆。

入模。

二次发酵

32℃发酵60分钟。

烤制

上火170℃、下火240℃烤制约25分钟。出炉后表面刷发酵奶油。

做法 STEP BY STEP

1 酸奶菌种制作

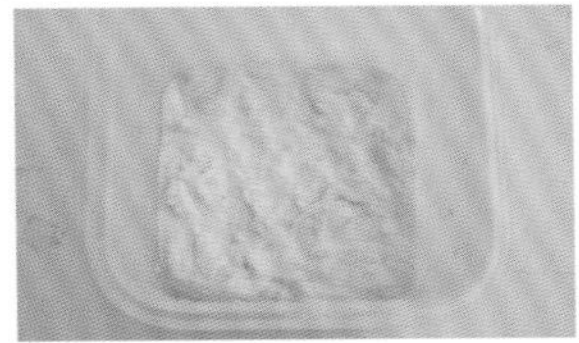

材料A搅拌均匀（建议发酵种温度26℃），放入密封容器，于28℃发酵180分钟（发酵状态约发酵种的1.5倍大），再于5℃冷藏12～16小时。

2 搅拌制程

材料B与发酵种放入搅拌缸，以低速搅拌成团，转中速搅拌至面团表面微光滑，再加入材料C，搅拌至完全扩展，取出面团后切块。材料D放入搅拌缸，面团分批放入，搅拌均匀即可，面团终温25℃。

3 一次发酵、排气翻面

面团于28℃发酵40分钟，面团压平后翻面，采用3折1次法，于28℃继续发酵20分钟。

4 分割、醒发

发酵好的面团分割成每个150克，共16个，分别折叠后收圆。将分割好的面团于28℃发酵25分钟。

5 整形、二次发酵

折叠收圆

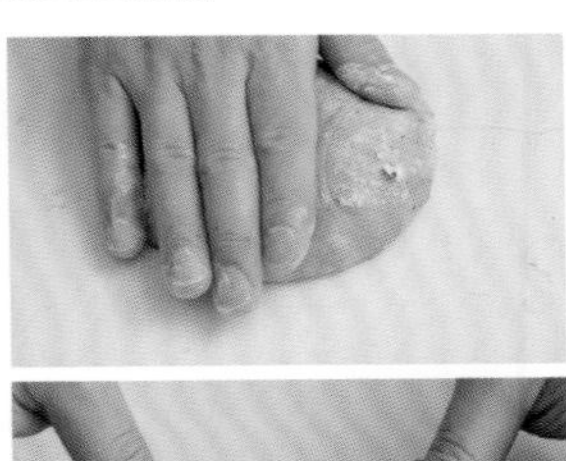

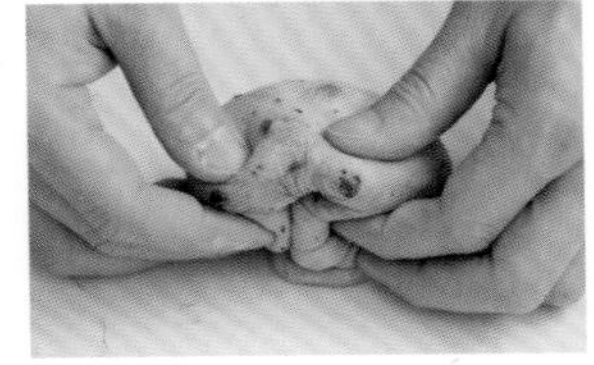

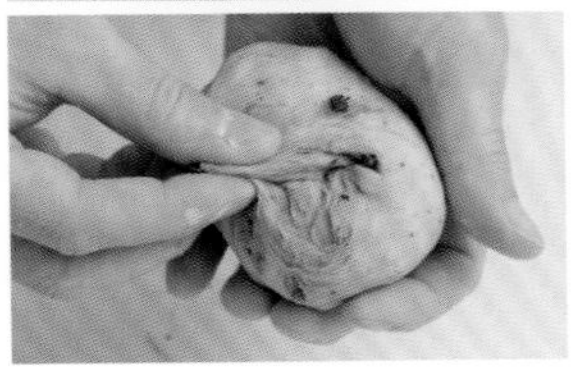

轻拍面团排出气体后，将面团对折，横向后再对折，再横向对折，同时将缺口表面收至底部，滚圆收合将底部面团捏合。

入模

整形好的面团2个1组，收口朝下放入吐司模，共完成8模，于32℃发酵60分钟。

6 烤制

放入烤箱，用上火170℃、下火240℃，烤制约25分钟，出炉并脱模，在表面立即刷发酵奶油，放凉。

咖啡核桃吐司

Quantity 分量 | 6 条
（吐司模 196 毫米 ×106 毫米 ×110 毫米）

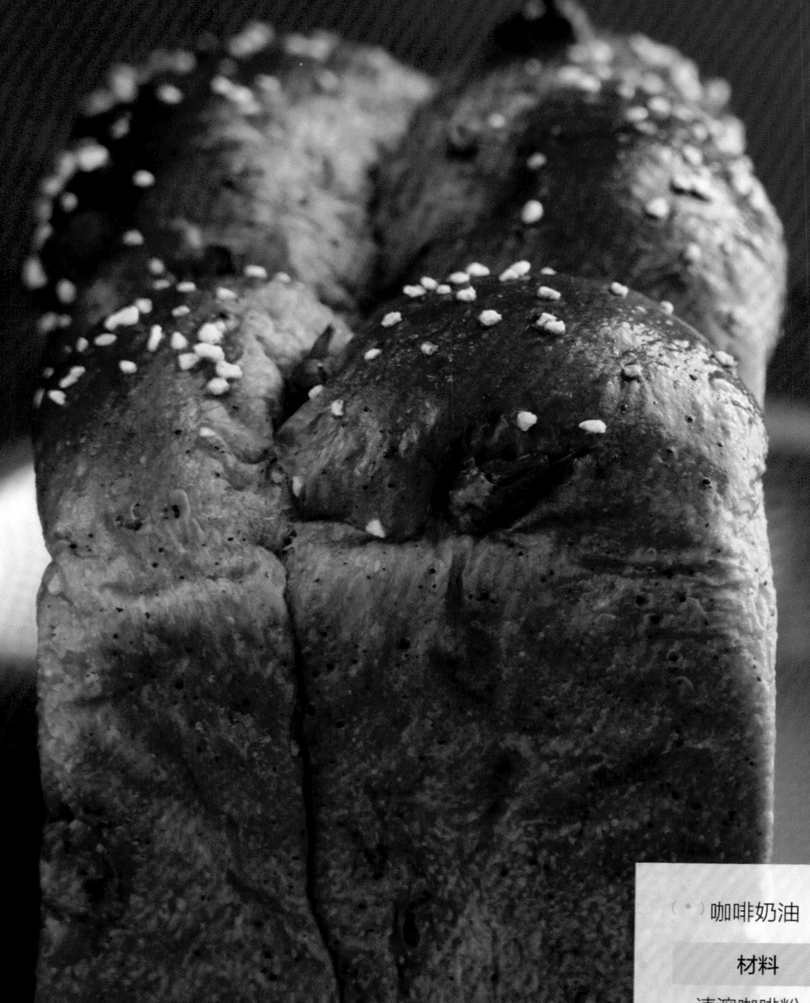

咖啡奶油

材料	百分比（%）	重量（克）
速溶咖啡粉	2.5	33
研磨咖啡粉	1.5	20
发酵奶油	7	91

▶做法

发酵奶油隔水加热至约80℃，将2种咖啡粉倒入奶油液拌匀，冷却即可使用。

材料 INGREDIENTS

冷藏中种	百分比（%）	重量（克）
A 高筋面粉	30	390
细砂糖	5	65
海盐	0.1	1
低糖酵母	0.2	3
动物性鲜奶油	15	195
牛奶	18	234
主面团	**百分比（%）**	**重量（克）**
B 高筋面粉	70	910
细砂糖	11	143
海盐	1.5	20
新鲜酵母	3	39
鸡蛋	12	156
牛奶	51	663
C 咖啡奶油（*）	11	144
D 核桃	28	364
合计	255.8%	3327克

其他材料 OTHERS

鸡蛋、2号珍珠糖

基本工序 PROCESS

冷藏中种制作

材料A搅拌至面团表面微光滑，建议种温24℃，28℃发酵60分钟，再于5℃冷藏12~16小时。

搅拌制程

材料B与发酵种低速搅拌成团，中速搅拌至面团表面微光滑，加入材料C，搅拌至完全扩展。
面团切块，分批放入搅拌缸，与材料D搅拌均匀，终温25℃。

一次发酵

28℃发酵40分钟，排气翻面后发酵20分钟。

分割

90克，6个1组，折叠收圆。

醒发

28℃发酵25分钟。

整形

折叠收圆。
交错方式入模。

二次发酵

32℃发酵60分钟。

烤制

表面刷鸡蛋液，撒上2号珍珠糖。上火170℃、下火240℃烤制约32分钟。

- 速溶咖啡粉是此面团的咖啡气味来源；研磨咖啡是由豆子直接研磨成细粉状，虽然气味重但融入面团中，会有较重的苦味，却无较明显的咖啡香。
- 此配方利用2种咖啡粉堆叠融合，借由彼此不同气味来进行气味的转换，使产品释出如意式研磨萃取出来的风味及香气。
- 咖啡粉会直接影响面团状况，使用时考量如何制作添加，能让破坏性降到最低。咖啡粉借由加热过的奶油拌匀，做一个基础破坏，因为希望咖啡奶油能在面筋形成较完整时投入，所以选择奶油做热处理的破坏。

做法 STEP BY STEP

1 冷藏中种制作

材料A搅拌至面团表面微光滑（建议发酵种温度24℃），放入密封容器，于28℃发酵60分钟，再于5℃冷藏12～16小时。

2 搅拌制程

材料B与发酵种放入搅拌缸，以低速搅拌成团，转中速搅拌至面团表面微光滑，再加入材料C，搅拌至完全扩展，取出面团后切块。材料D放入搅拌缸，面团分批放入，搅拌均匀即可，面团终温25℃。

3 一次发酵、排气翻面

面团于28℃发酵40分钟，面团压平后翻面，采用3折1次法，于28℃继续发酵20分钟。

4 分割、醒发

发酵好的面团分割成每个90克，共36个，分别折叠后收圆。将分割好的面团于28℃发酵25分钟。

5 整形、二次发酵

折叠收圆

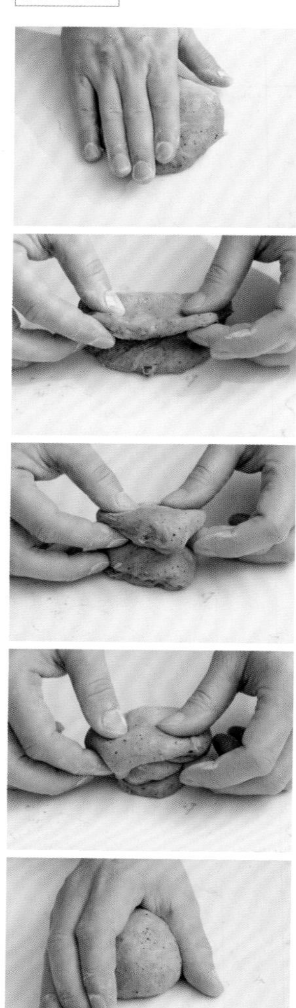

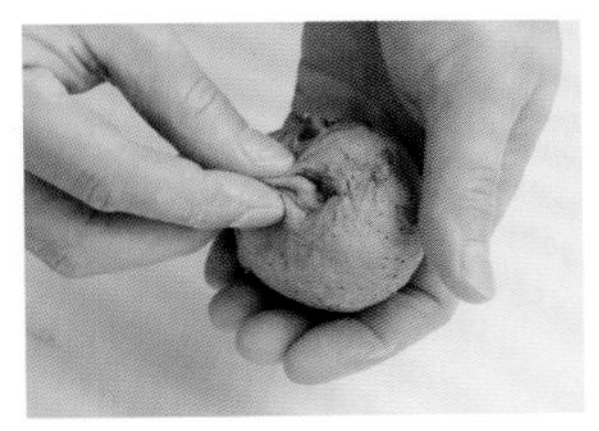

轻拍面团排出气体后，将面团对折，横向后再对折，再横向对折，同时将缺口表面收至底部，滚圆收合将底部面团捏合。

入模

整形好的面团6个1组，收口朝下交错放入吐司模，共完成6模，于32℃发酵60分钟。

6 烤制

表面刷鸡蛋液，撒上2号珍珠糖，放入烤箱，用上火170℃、下火240℃，烤制约32分钟，脱模后放凉。

黑米蜂蜜紫薯吐司

Quantity 分量 | 6 条
（吐司模 196 毫米 ×106 毫米 ×110 毫米）

熟黑米
保存 | 冷冻15天

黑米以一般煮饭方式蒸熟，放凉即可使用。

材料 INGREDIENTS

冷藏中种	百分比（%）	重量（克）
A 高筋面粉	30	480
海盐	0.1	2
低糖酵母	0.2	3
蜂蜜	5	80
水	22	352
主面团	**百分比（%）**	**重量（克）**
B 高筋面粉	70	1120
细砂糖	6	96
海盐	1.5	24
新鲜酵母	3	48
水	42	672
C 发酵奶油	8	128
蜂蜜	5	80
D 熟黑米（*）	20	320
合计	212.8%	3405 克

其他材料 OTHERS

紫薯丁（**）

基本工序 PROCESS

冷藏中种制作

材料A搅拌至面团表面微光滑，建议种温24℃，28℃发酵60分钟，再于5℃冷藏12～16小时。

搅拌制程

材料B与发酵种低速搅拌成团，中速搅拌至面团表面微光滑，加入材料C，搅拌至完全扩展。

面团切块，分批放入搅拌缸，与材料D搅拌均匀，终温25℃。

一次发酵

28℃发酵40分钟，排气翻面后发酵20分钟。

分割

280克，2个1组，折叠收圆。

醒发

28℃发酵25分钟。

整形

第1次擀卷，手拍后铺上60克紫薯丁，卷起，醒发约10分钟。

第2次擀卷，入模。

二次发酵

32℃发酵60分钟。

烤制

上火170℃、下火240℃烤制约32分钟。

（**）紫薯丁

保存 | 冷冻15天

▶材料

水…2000克
赤砂糖…200克
切丁紫薯…800克
蜂蜜…80克

▶做法

将水与赤砂糖煮沸，紫薯倒入糖水中汆烫，保持水持续微沸5～7分钟，沥干后拌入蜂蜜，再放入烤箱，以上下火150℃烤5～7分钟，放凉后冷藏一夜即可使用。

- 熟黑米及熟紫薯可依照制作分量分装，冷冻保存，使用前一晚再移至冷藏室解冻。

做法 STEP BY STEP

1 冷藏中种制作

材料A搅拌至面团表面微光滑（建议发酵种温度24℃），放入密封容器，于28℃发酵60分钟，再于5℃冷藏12～16小时。

2 搅拌制程

材料B与发酵种放入搅拌缸，以低速搅拌成团，转中速搅拌至面团表面微光滑，再加入材料C，搅拌至完全扩展，取出面团后切块。材料D放入搅拌缸，面团分批放入，搅拌均匀即可，面团终温25℃。

3 一次发酵、排气翻面

面团于28℃发酵40分钟，面团压平后翻面，采用3折1次法，于28℃继续发酵20分钟。

4 分割、醒发

发酵好的面团分割成每个280克，共12个，分别折叠后收圆。将分割好的面团于28℃发酵25分钟。

5 整形、二次发酵

第1次擀卷

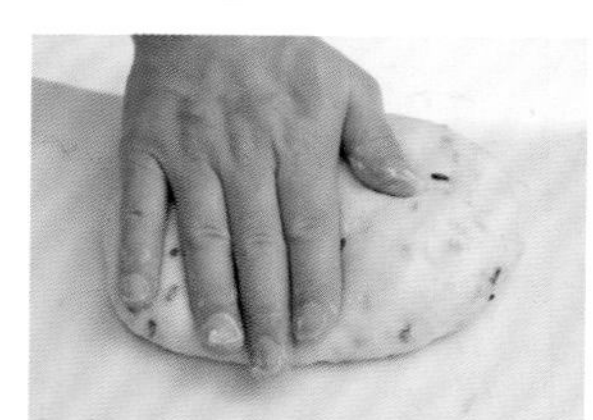

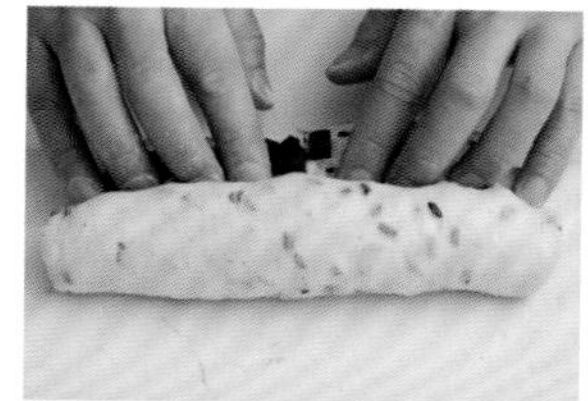

轻拍面团排出气体后，从中间朝上下擀成厚薄一致的椭圆形，拉正成方形，铺上60克紫薯丁于面团表面，卷起收合成长圆柱，醒发10分钟。

第2次擀卷

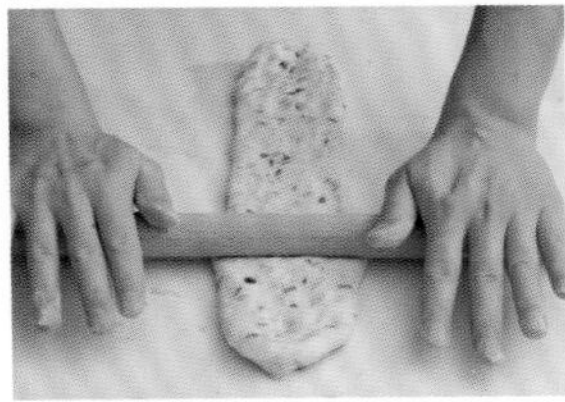

转纵向，从中间朝上下擀成厚薄一致的细长方形，卷起并收合成短圆柱。

入模

整形好的面团2个1组，收口朝下放入吐司模，共完成6模，于32℃发酵60分钟。

6 烤制

放入烤箱，用上火170℃、下火240℃，烤制约32分钟，脱模后放凉。

椰丝伯爵芒果吐司

Quantity 分量｜8 条
（吐司模 181 毫米 ×91 毫米 ×77 毫米）

伯爵牛奶

材料	百分比（%）	重量（克）
80℃牛奶	72	698
伯爵茶叶	2	19

▶做法

茶叶先打成粉末状，倒入已加热至80℃的牛奶中浸泡，待冷却即可和发酵种搅拌，剩余的部分冷藏一夜，后续加入主面团中。

材料 INGREDIENTS

茶酿液种	百分比（%）	重量（克）
A 高筋面粉	30	291
伯爵牛奶（*）	33	320
海盐	0.1	1
低糖酵母	0.2	2
主面团	**百分比（%）**	**重量（克）**
B 高筋面粉	70	679
细砂糖	16	155
海盐	1.2	12
新鲜酵母	3	29
伯爵牛奶（*）	41	398
鸡蛋	10	97
C 发酵奶油	8	78
合计	212.5%	2062 克

其他材料 OTHERS

橙汁芒果干（**）、椰子馅（***）、鸡蛋

基本工序 PROCESS

茶酿液种制作

材料A拌匀，建议种温26℃，28℃发酵60分钟，再于5℃冷藏12～16小时。

搅拌制程

材料B与发酵种低速搅拌成团，中速搅拌至面团表面微光滑，加入材料C，搅拌至完全扩展，终温25℃。

一次发酵

28℃发酵40分钟，排气翻面后发酵20分钟。

分割

250克，折叠收圆。

醒发

28℃发酵25分钟。

整形

手拍擀卷，擀开后铺上60克橙汁芒果干，卷起。

入模。

二次发酵

32℃发酵约60分钟。

烤制

椰子馅加入鸡蛋液调制成浓稠状，均匀铺在表面。

上火170℃、下火240℃烤制约25分钟。

CHAPTER 2 柔软吐司

（**）橙汁芒果干

保存 | 冷藏15天

▶材料

100%柳橙汁…200克

芒果干…600克

▶做法

柳橙汁与芒果干以小火慢炒，炒至收汁，冷却后冷藏一夜。

（***）椰子馅

保存 | 冷藏20天

▶材料

无盐奶油…360克

细砂糖…240克

椰子粉…480克

▶做法

所有材料拌匀，即可使用。

做法 STEP BY STEP

1 茶酿液种制作

材料A搅拌均匀（建议发酵种温度26℃），放入密封容器，于28℃发酵60分钟，再于5℃冷藏12~16小时。

2 搅拌制程

材料B与发酵种放入搅拌缸，以低速搅拌成团，转中速搅拌至面团表面微光滑，再加入材料C搅拌至完全扩展，面团终温25℃。

3 一次发酵、排气翻面

面团于28℃发酵40分钟，面团压平后翻面，采用3折1次法，于28℃继续发酵20分钟。

4 分割、醒发

发酵好的面团分割成每个250克，共8个，分别折叠后收圆。将分割好的面团于28℃发酵25分钟。

5 整形、二次发酵

手拍擀卷

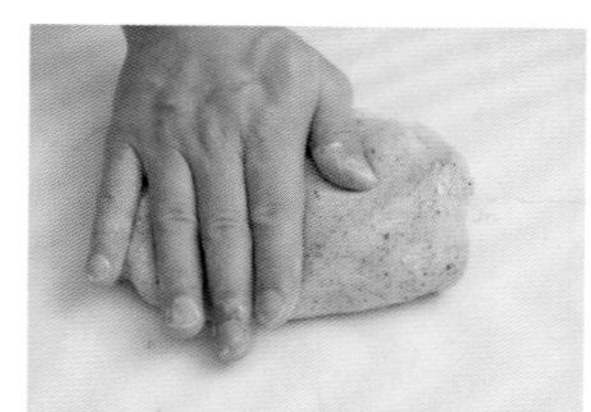

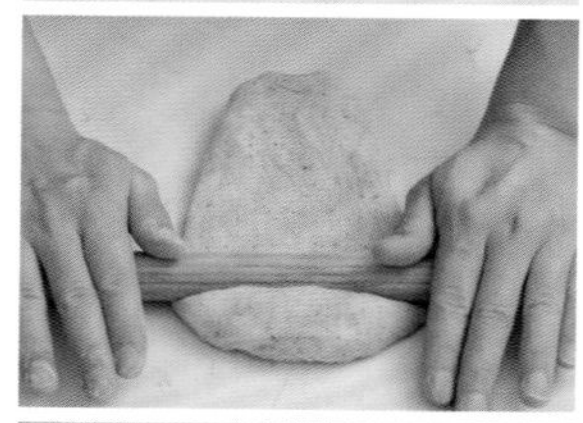

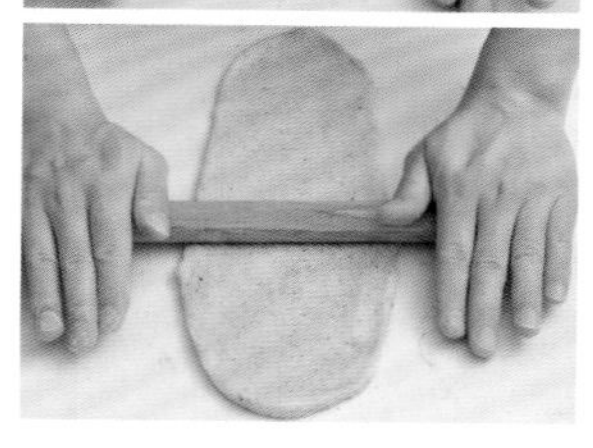

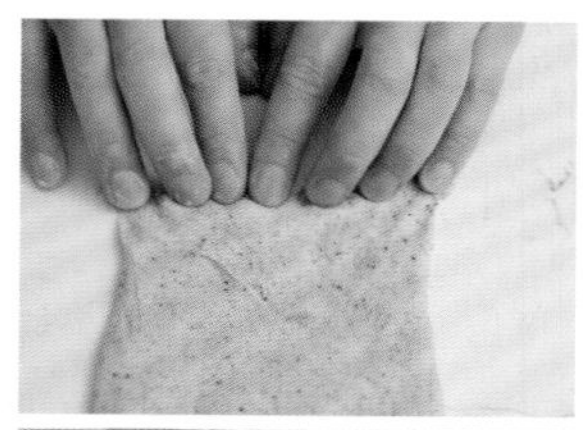

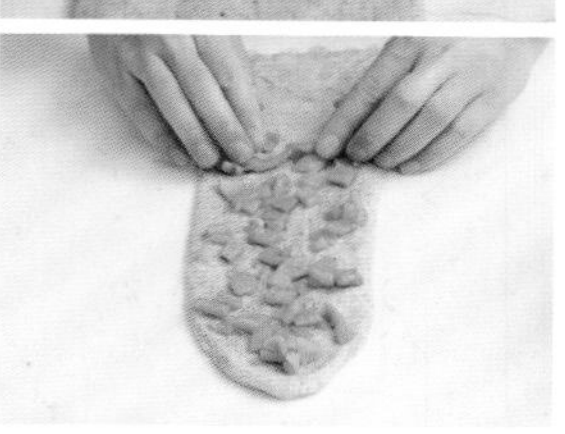

轻拍面团排出气体后，从中间朝上下擀成厚薄一致的椭圆形，拉正成方形，底部压薄捏合，于面团表面上缘的2/3处铺上60克橙汁芒果干，卷起收合成长圆柱。

入模

整形好的面团收口朝下放入吐司模，共完成8模，于32℃发酵60分钟。

6 烤制

椰子馅加入鸡蛋液调制成浓稠状，取50克均匀铺平于面团表面，放入烤箱，用上火170℃、下火240℃，烤制约25分钟，脱模后放凉。

墨西哥辣椒吐司

Quantity 分量 | 6 条
（吐司模 196 毫米 ×106 毫米 ×110 毫米）

材料 INGREDIENTS

冷藏液种	百分比（%）	重量（克）
A 法国面粉	30	474
水	30	474
海盐	0.1	2
低糖酵母	0.2	3

主面团	百分比（%）	重量（克）
B 法国面粉	20	316
高筋面粉	50	790
细砂糖	8	126
海盐	1.8	28
高糖酵母	1	16
水	36	569
剥皮辣椒（*）	8	126
墨西哥辣椒（**）	17	269
麦芽精	0.3	5
C 发酵奶油	6	95
合计	208.4%	3293 克

基本工序 PROCESS

冷藏液种制作

材料A拌匀，建议种温26℃，28℃发酵60分钟，再于5℃冷藏12～16小时。

搅拌制程

材料B与发酵种低速搅拌成团，中速搅拌至面团表面微光滑，加入材料C，搅拌至完全扩展，终温25℃。

一次发酵

28℃发酵40分钟，排气翻面后发酵20分钟。

分割

270克，2个1组，折叠收圆。

醒发

28℃发酵25分钟。

整形

折叠收圆。
入模。

二次发酵

32℃发酵约60分钟。

烤制

上火180℃、下火260℃，蒸汽3秒，烤制约32分钟。

（*）剥皮辣椒

材料	百分比（%）	重量（克）
剥皮辣椒	8	126

（**）墨西哥辣椒

材料	百分比（%）	重量（克）
墨西哥辣椒	17	269

- 可依照个人喜好调配2种辣椒的比例。
- 剥皮辣椒气味较温和有韵味，容易融入面团中，可引出辣椒的香味层次；墨西哥辣椒气味较突兀，带有辛辣风味，在咀嚼时能带出明显风味及丰富口感。借由这2种辣椒融入面团，凸显不同层次。

做法 STEP BY STEP

1 冷藏液种制作

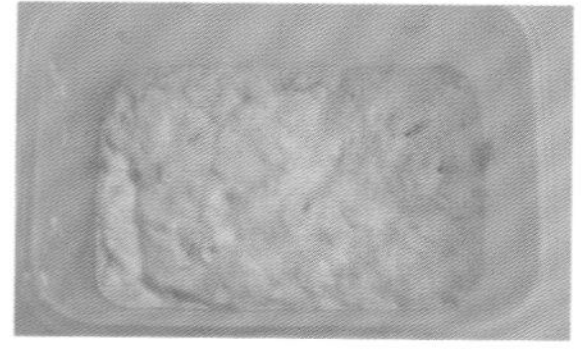

材料A搅拌均匀（建议发酵种温度26℃），放入密封容器，于28℃发酵60分钟，再于5℃冷藏12～16小时。

2 搅拌制程

材料B与发酵种放入搅拌缸，以低速搅拌成团，转中速搅拌至面团表面微光滑，再加入材料C搅拌至完全扩展，面团终温25℃。

3 一次发酵、排气翻面

面团于28℃发酵40分钟，面团压平后翻面，采用3折1次法，于28℃继续发酵20分钟。

4 分割、醒发

发酵好的面团分割成每个270克，共12个，分别折叠后收圆。将分割好的面团于28℃发酵25分钟。

5 整形、二次发酵

折叠收圆

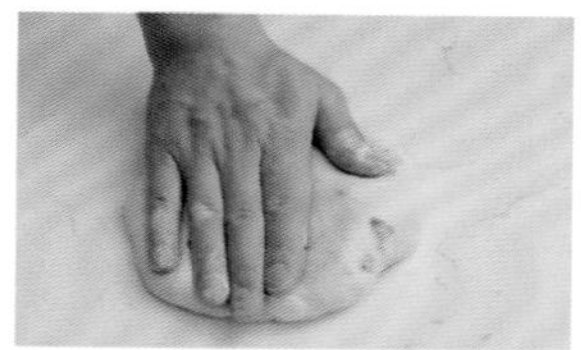

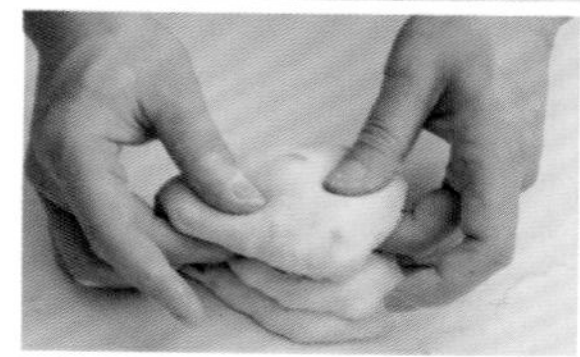

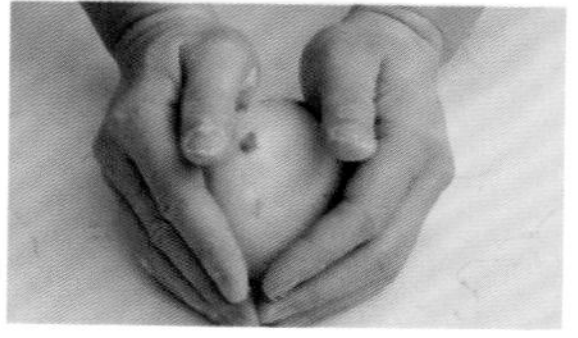

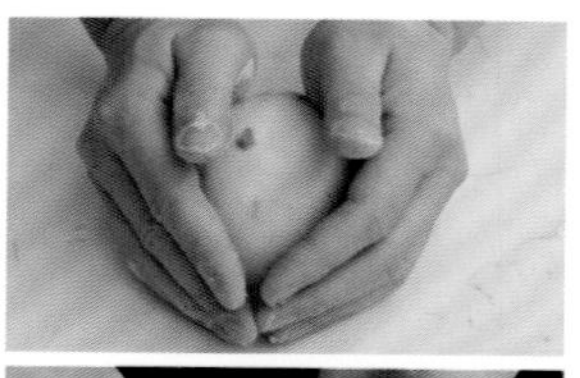

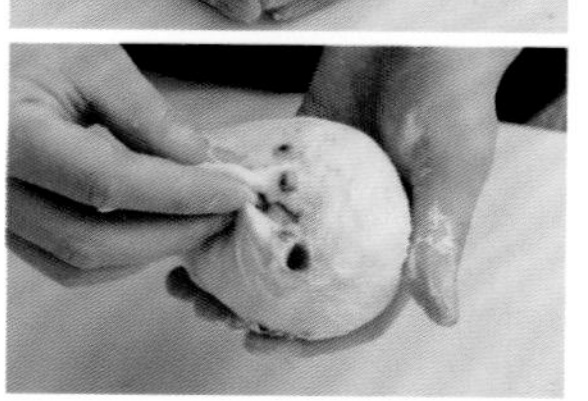

轻拍面团排出气体后，将面团对折，横向后再对折，再横向对折，同时将缺口表面收至底部，滚圆收合将底部面团捏合。

入模

整形好的面团2个1组，收口朝下放入吐司模，共完成6模，于32℃发酵60分钟。

6 烤制

放入烤箱，用上火180℃、下火260℃，开启蒸汽3秒，烤制约32分钟，脱模后放凉。

蜜香吐司

Quantity 分量｜8 条
（吐司模 170 毫米 ×170 毫米 ×70 毫米）

材料 INGREDIENTS

冷藏液种	百分比（%）	重量（克）
A 高筋面粉	30	273
低糖酵母	0.2	2
海盐	0.1	1
水	30	273
主面团	**百分比（%）**	**重量（克）**
B 高筋面粉	70	637
细砂糖	8	73
海盐	1.5	14
新鲜酵母	3	27
水	40	364
C 发酵奶油	8	73
纯蜂蜜（*）	9	82
合计	199.8 %	1819 克

（*）纯蜂蜜

这款吐司的蜂蜜含量并不多，但却能释出非常浓郁的蜂蜜香味，其原理是运用一般糖将面团甜度引出后，加入蜂蜜，让风味层次凸显出来。

基本工序 PROCESS

冷藏液种制作

材料A拌匀，建议种温26℃，28℃发酵60分钟，再于5℃冷藏12～16小时。

搅拌制程

材料B与发酵种低速搅拌成团，中速搅拌至面团表面微光滑，加入材料C，搅拌至完全扩展，终温25℃。

一次发酵

28℃发酵40分钟，排气翻面后发酵20分钟。

分割

110克，2个1组，折叠收圆。

醒发

28℃发酵25分钟。

整形

折叠收圆。
入模。

二次发酵

32℃发酵50分钟。

烤制

上火170℃、下火240℃烤制约23分钟。

做法 STEP BY STEP

1 冷藏液种制作

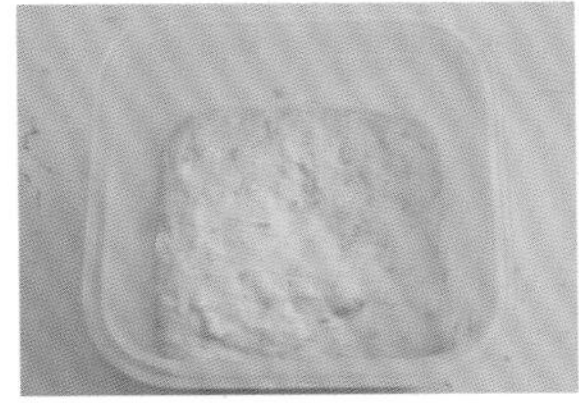

材料A搅拌均匀（建议发酵种温度26℃），放入密封容器，于28℃发酵60分钟，再于5℃冷藏12～16小时。

2 搅拌制程

材料B与发酵种放入搅拌缸，以低速搅拌成团，转中速搅拌至面团表面微光滑，再加入材料C搅拌至完全扩展，面团终温25℃。

3 一次发酵、排气翻面

面团于28℃发酵40分钟，面团压平后翻面，采用3折1次法，于28℃继续发酵20分钟。

4 分割、醒发

发酵好的面团分割成每个110g，共16个，分别折叠后收圆。将分割好的面团于28℃发酵25分钟。

5 整形、二次发酵

折叠收圆

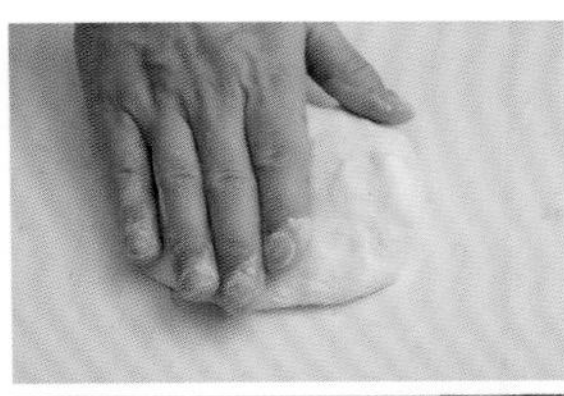

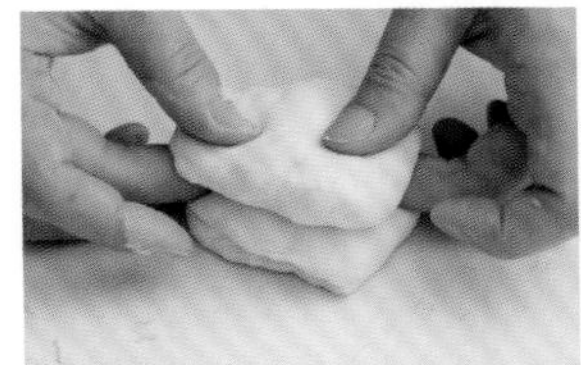

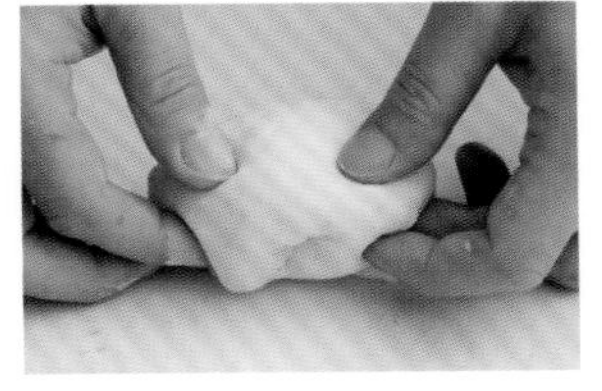

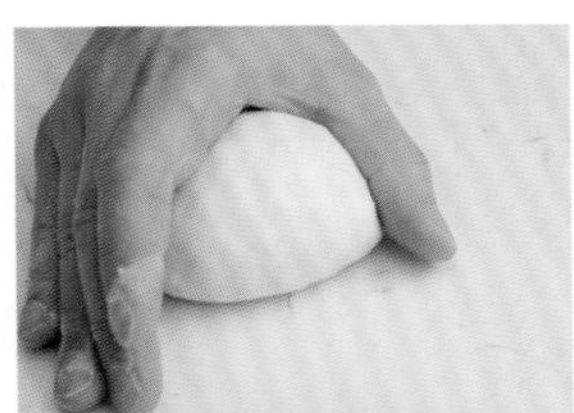

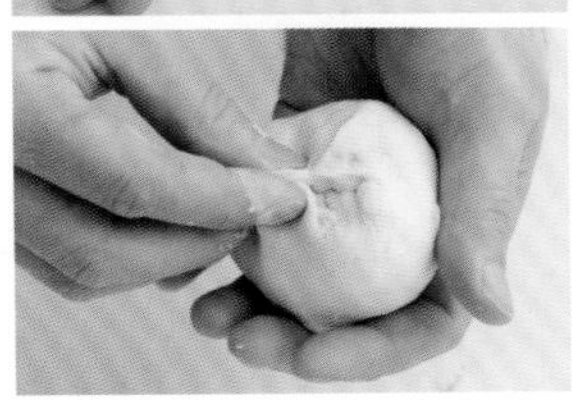

轻拍面团排出气体后，将面团对折，横向再对折，再横向对折，同时将缺口表面收至底部，滚圆收合将底部面团捏合。

入模

整形好的面团2个1组，收口朝下放入吐司模，共完成8模，于32℃发酵50分钟。

6 烤制

放入烤箱，用上火170℃、下火240℃，烤制约23分钟，脱模后放凉。

黑糖吐司

Quantity 分量 | 8 条
（吐司模 170 毫米 ×170 毫米 ×70 毫米）

（•）黑糖液

材料	百分比（%）	重量（克）
黑糖粉	9	73
100℃水	9	73

▶做法

所有材料拌至溶解，放凉后冷藏备用。

（••）黑糖核桃

保存 | 冷藏5天

▶材料

生核桃…500克
黑糖粒…120克

▶做法

核桃汆烫后沥干，黑糖粒隔水加热融解后与核桃拌匀，冷却即可使用。

材料 INGREDIENTS

冷藏液种	百分比（%）	重量（克）
A 高筋面粉	30	243
水	30	243
海盐	0.1	1
低糖酵母	0.2	2

主面团	百分比（%）	重量（克）
B 高筋面粉	70	567
细砂糖	5	41
海盐	1.6	13
新鲜酵母	3	24
黑糖液（*）	18	146
水	30	243
C 发酵奶油	10	81
纯黑糖蜜	6	49
合计	203.9%	1653 克

其他材料 OTHERS

黑糖核桃（**）、黑糖脆皮（***）、细砂糖、糖粉

基本工序 PROCESS

冷藏液种制作

材料A拌匀，建议种温26℃，28℃发酵60分钟，再于5℃冷藏12～16小时。

搅拌制程

材料B与发酵种低速搅拌成团，中速搅拌至面团表面微光滑，加入材料C，搅拌至完全扩展，终温24℃。

一次发酵

28℃发酵30分钟，排气翻面后发酵20分钟。

分割

200克，折叠收圆。

醒发

28℃发酵20分钟。

整形

手拍擀卷，擀开后铺上50克黑糖核桃后卷起。
面团表面覆盖40克黑糖脆皮，在脆皮表面黏附细砂糖。
入模。

二次发酵

32℃发酵约50分钟。

烤制

表面均匀撒上糖粉，上火170℃、下火240℃烤制约22分钟。

（***）黑糖脆皮
保存 | 冷藏5天

▶材料

A 无盐奶油…120克
黑糖粉…220克
B 鸡蛋…90克
杏仁粉…60克
低筋面粉…310克

▶做法

奶油与黑糖粉拌匀，材料B一起倒入黑糖奶油液，拌匀后冷却，使用时稍微揉合即可。

- 黑糖含丰富的矿物质，也因矿物质含量太高，容易影响面筋状况，拌入面团中的黑糖，建议使用市面上的粉状黑糖（已进行基础的精制过程），再用热水加以溶解破坏，将伤害力降到最低。
- 纯度高的黑糖，不建议与面团结合搅拌，可改成包覆在面团中的方式呈现，既不伤害面团，也可凸显风味。

做法 STEP BY STEP

1 冷藏液种制作

材料A搅拌均匀（建议发酵种温度26℃），放入密封容器，于28℃发酵60分钟，再于5℃冷藏12～16小时。

2 搅拌制程

材料B与发酵种放入搅拌缸，以低速搅拌成团，转中速搅拌至面团表面微光滑，再加入材料C搅拌至完全扩展，面团终温24℃。

3 一次发酵、排气翻面

面团于28℃发酵40分钟，面团压平后翻面，采用3折1次法，于28℃继续发酵20分钟。

4 分割、醒发

发酵好的面团分割成每个200克，共8个，分别折叠后收圆。将分割好的面团于28℃发酵20分钟。

5 整形、二次发酵

手拍擀卷

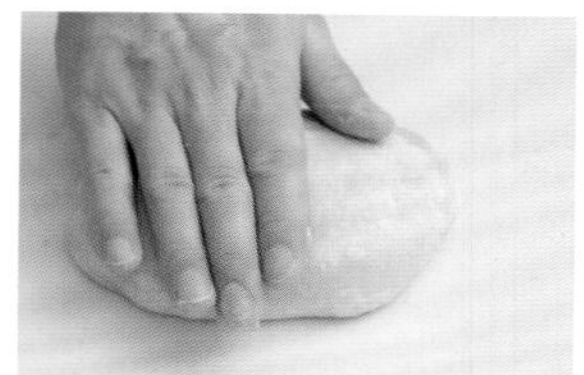

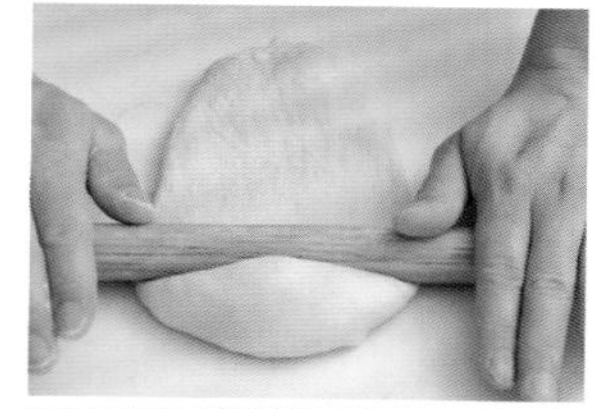

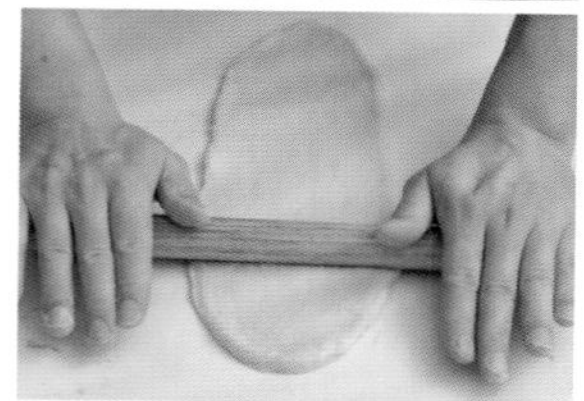

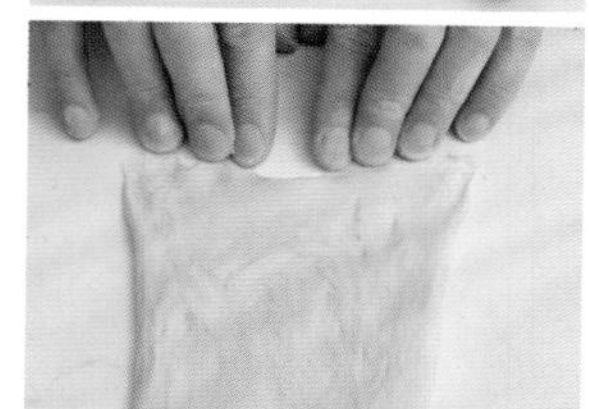

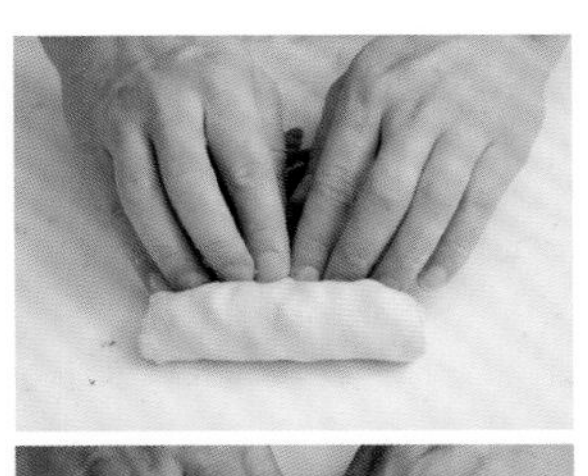
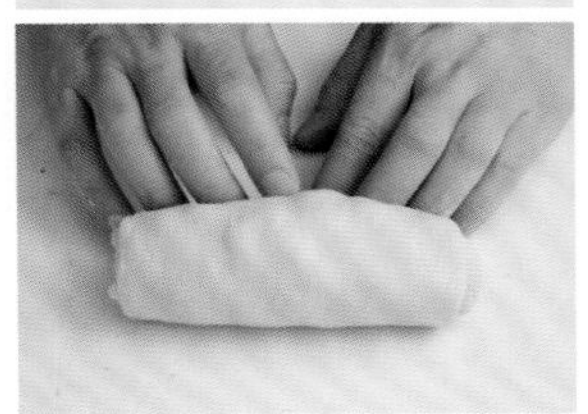
轻拍面团排出气体后，从中间朝上下擀成厚薄一致的椭圆形，拉成正方形，底部压薄捏合，于面团表面的上缘2/3处铺上50克黑糖核桃，卷起收合成长圆柱。

裹脆皮与细砂糖

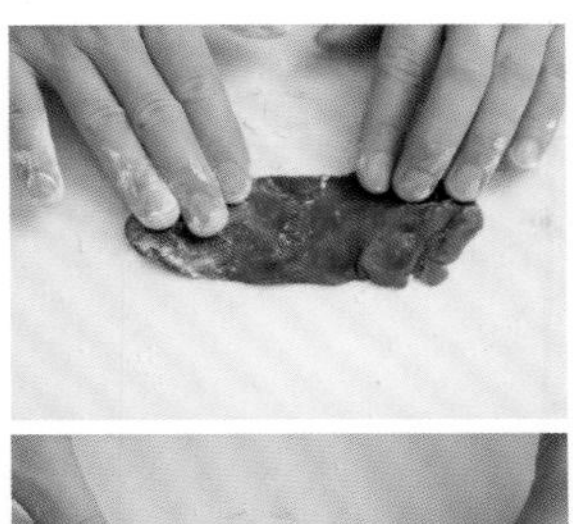

将40克黑糖脆皮搓长，均匀向外拍压开至长度与面团等长，宽度约能覆盖面团1/3表面即可，覆盖后将其表面均匀蘸裹一层细砂糖。

入模

整形好的面团收口朝下放入吐司模，共完成8模，于32℃发酵50分钟。

6 烤制

表面均匀撒上糖粉，放入烤箱，用上火170℃、下火240℃，烤制约22分钟，脱模后放凉。

意式香草番茄吐司

Quantity 分量 | 8 条
（吐司模 181 毫米 ×91 毫米 ×77 毫米）

材料 INGREDIENTS

冷藏中种	百分比（%）	重量（克）
A 高筋面粉	50	515
细砂糖	5	52
海盐	0.1	1
低糖酵母	0.2	2
动物性鲜奶油	15	155
水	25	258
主面团	**百分比（%）**	**重量（克）**
B 特高筋面粉	30	309
高筋面粉	20	206
细砂糖	7	72
海盐	1.7	18
高糖酵母	1	10
水	39	402
C 发酵奶油	8	82
D 黑橄榄碎	6	62
黑胡椒粗粒	0.8	8
油浸香草番茄干（*）	30	309
合计	238.8%	2461 克

其他材料 OTHERS

风味油（**）

基本工序 PROCESS

冷藏中种制作

材料A搅拌至面团表面微光滑，建议种温24℃，28℃发酵60分钟，再于5℃冷藏12～16小时。

搅拌制程

材料B与发酵种低速搅拌成团，中速搅拌至面团表面微光滑，加入材料C，搅拌至完全扩展。

面团切块，分批放入搅拌缸，与材料D搅拌均匀，终温25℃。

一次发酵

28℃发酵30分钟，排气翻面后发酵20分钟。

分割

300克，折叠收圆。

醒发

28℃发酵25分钟。

整形

手拍擀卷。

入模。

二次发酵

32℃发酵60分钟。

烤制

上火170℃、下火240℃烤制约25分钟。出炉后在表面刷风味油。

（*）油浸香草番茄干

保存 | 冷藏5天

▶材料

番茄干…400克

橄榄油…70克

新鲜欧芹…15克

▶做法

番茄干先用热水汆烫后沥干。橄榄油加热至60℃，倒入番茄干与欧芹，浸泡一夜即可使用。

（**）风味油

保存 | 常温5天

▶材料

橄榄油…100克

新鲜欧芹…7克

▶做法

橄榄油加热至60℃，倒入欧芹，浸泡一夜即可使用。

- 油脂勿加热过度，容易引起变质而产生油质酸败味。

CHAPTER 2 柔软吐司

做法 STEP BY STEP

1 冷藏中种制作

材料A搅拌至面团表面微光滑（建议发酵种温度24℃），放入密封容器，于28℃发酵60分钟，再于5℃冷藏12～16小时。

2 搅拌制程

材料B与发酵种放入搅拌缸，以低速搅拌成团，转中速搅拌至面团表面微光滑，再加入材料C，搅拌至完全扩展，取出面团后切块。材料D放入搅拌缸，面团分批放入，搅拌均匀即可，面团终温25℃。

3 一次发酵、排气翻面

面团于28℃发酵40分钟，面团压平后翻面，采用3折1次法，于28℃继续发酵20分钟。

4 分割、醒发

发酵好的面团分割成每个300克，共8个，分别折叠后收圆。将分割好的面团于28℃发酵25分钟。

5 整形、二次发酵

手拍擀卷

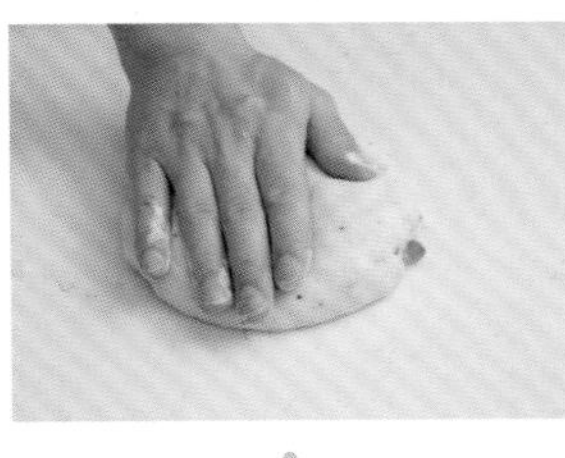

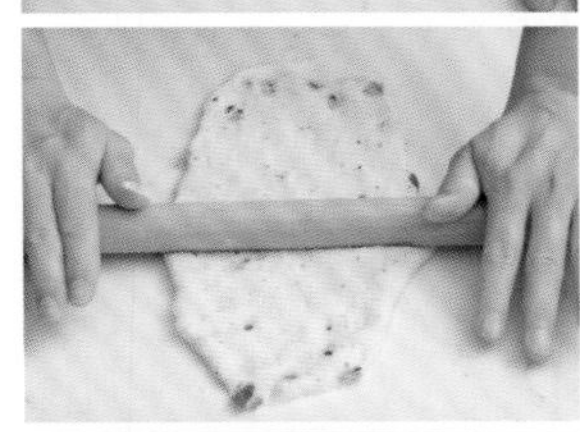

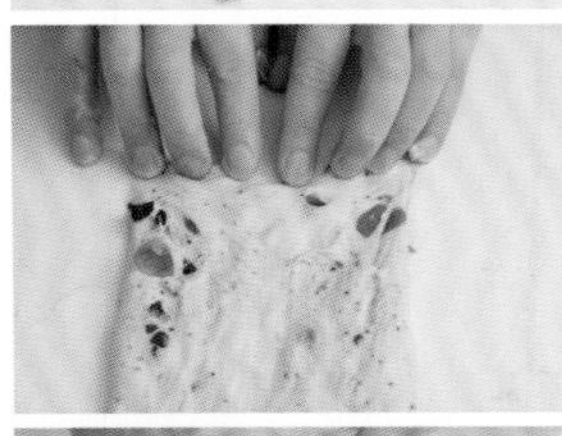

轻拍面团排出气体后，从中间朝上下擀成厚薄一致的椭圆形，拉成正方形，底部压薄捏合，卷起收合成长圆柱。

入模

整形好的面团收口朝下放入吐司模，共完成8模，放于32℃发酵60分钟。

6 烤制

放入烤箱，用上火170℃、下火240℃，烤制约25分钟，出炉并脱模，在表面立即刷风味油，放凉。

菠菜洋葱火腿吐司

Quantity 分量｜8 条
（吐司模 181 毫米 ×91 毫米 ×77 毫米）

材料 INGREDIENTS

冷藏液种	百分比（%）	重量（克）
A 法国面粉	30	318
水	30	318
海盐	0.1	1
低糖酵母	0.2	2

主面团	百分比（%）	重量（克）
B 高筋面粉	70	742
细砂糖	15	159
海盐	1.6	17
新鲜酵母	3	32
水	35	371
菠菜青酱（*）	18	191
C 发酵奶油	6	64
合计	208.9%	2215 克

其他材料 OTHERS

火腿片、芝士片、鸡蛋、洋葱、奶酪丝

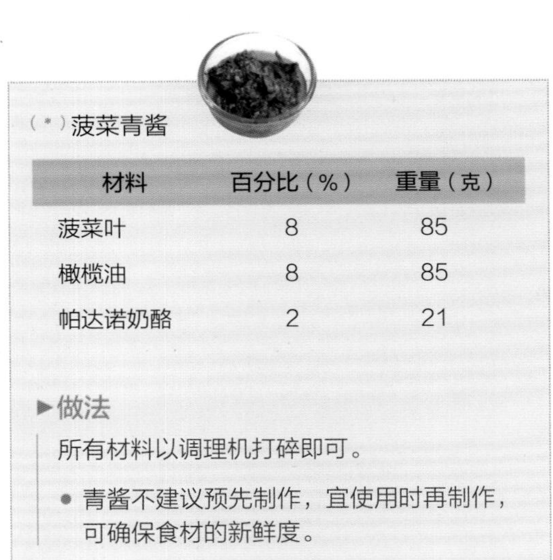

（*）菠菜青酱

材料	百分比（%）	重量（克）
菠菜叶	8	85
橄榄油	8	85
帕达诺奶酪	2	21

►做法

所有材料以调理机打碎即可。

- 青酱不建议预先制作，宜使用时再制作，可确保食材的新鲜度。

基本工序 PROCESS

▼冷藏液种制作

材料A拌匀，建议种温26℃，28℃发酵60分钟，再于5℃冷藏12～16小时。

▼搅拌制程

材料B与发酵种低速搅拌成团，中速搅拌至面团表面微光滑，加入材料C，搅拌至完全扩展，终温25℃。

▼一次发酵

28℃发酵40分钟，排气翻面后发酵20分钟。

▼分割

90克，3个1组，折叠收圆。

▼醒发

28℃发酵20分钟。

▼整形

手拍擀卷，擀开后依序铺1片芝士片、1片火腿片，卷起，平均对切，将切口面立起后放入模具。

▼二次发酵

32℃发酵60分钟。

▼烤制

表面刷鸡蛋液，铺上洋葱丁与奶酪丝。
上火170℃、下火240℃烤制约25分钟。

做法 STEP BY STEP

1 冷藏液种制作

材料A搅拌均匀（建议发酵种温度26℃），放入密封容器，于28℃发酵60分钟，再于5℃冷藏12~16小时。

2 搅拌制程

材料B与发酵种放入搅拌缸，以低速搅拌成团，转中速搅拌至面团表面微光滑，再加入材料C，搅拌至完全扩展，面团终温25℃。

3 一次发酵、排气翻面

面团于28℃发酵40分钟，面团压平后翻面，采用3折1次法，于28℃继续发酵20分钟。

4 分割、醒发

发酵好的面团分割成每个90克，共24个，分别折叠后收圆。将分割好的面团于28℃发酵20分钟。

5 整形、二次发酵

手拍擀卷

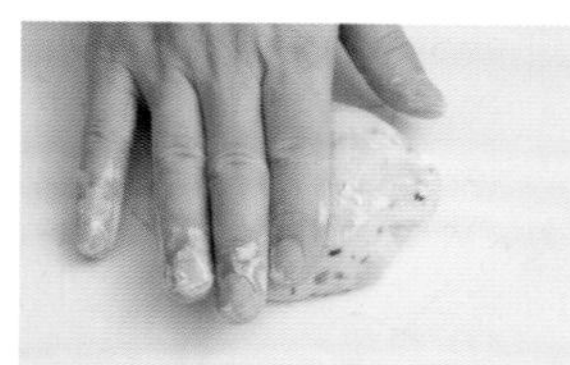

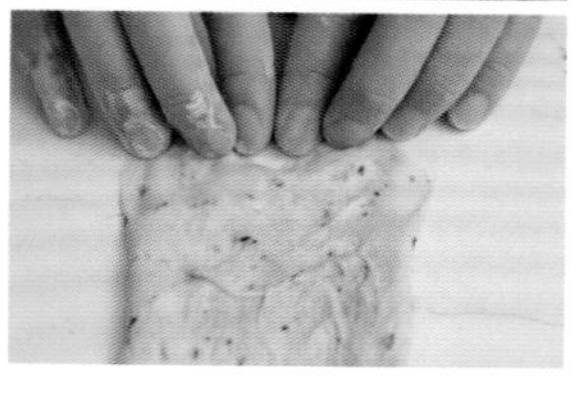

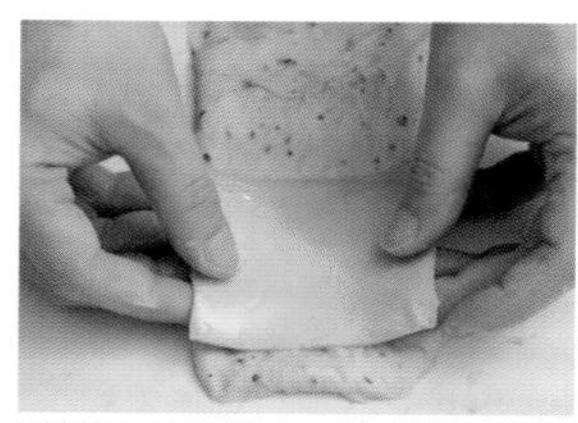

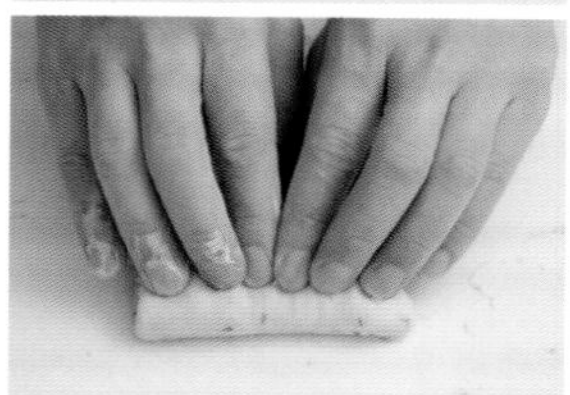

轻拍面团排出气体后，从中间朝上下擀成厚薄一致的椭圆形，拉成正方形，底部压薄捏合，每个面团依序铺上1片芝士片、1片火腿片，卷起收合成长圆柱，平均对切。

入模

整形好的面团3个1组，馅料切口面立起后放入吐司模，共完成8模，于32℃发酵60分钟。

6 烤制

面团表面刷上鸡蛋液，铺上洋葱丁后，再撒上奶酪丝，放入烤箱，用上火170℃、下火240℃，烤制约25分钟，脱模后放凉。

胡萝卜酸奶吐司

Quantity 分量｜ 8 条
（吐司模 181 毫米 ×91 毫米 ×77 毫米）

(＊) 胡萝卜牛奶

材料	百分比（%）	重量（克）
胡萝卜	25	243
牛奶	33	320

▶做法

胡萝卜与牛奶放入果汁机打成汁，会有残渣，切勿滤掉，宜一起放入面团中搅拌，面团会呈现丰富的膳食纤维粗犷感。

- 勿用榨汁机与慢磨机，除了呈现效果不同外，水分比例也有很大落差。

材料 INGREDIENTS

酸奶菌种	百分比（%）	重量（克）
A 高筋面粉	30	291
海盐	0.1	1
酸奶酵液（P. 18）	16	155
水	15	146

主面团	百分比（%）	重量（克）
B 高筋面粉	70	679
细砂糖	8	78
海盐	1.6	16
新鲜酵母	2.5	24
胡萝卜牛奶（*）	58	563
C 发酵奶油	8	78
D 胡萝卜丝（**）	20	194
合计	221.2%	2225 克

其他材料 OTHERS

鸡蛋

（**）胡萝卜丝

保存 | 冷冻15天

胡萝卜刨丝，以滚水氽烫约2分钟，沥干后以上下火150℃烤制约8分钟，冷却后可依照配方量分装，冷冻保存。

基本工序 PROCESS

酸奶菌种制作

材料A拌匀，建议种温26℃，28℃发酵180分钟（1.5倍大），再于5℃冷藏12～16小时。

搅拌制程

材料B与发酵种低速搅拌成团，中速搅拌至面团表面微光滑，加入材料C，搅拌至完全扩展。

面团切块，分批放入搅拌缸，与材料D搅拌均匀，终温25℃。

一次发酵

28℃发酵40分钟，排气翻面后发酵20分钟。

分割

90克，3个1组，折叠收圆。

醒发

28℃发酵25分钟。

整形

手拍擀卷。

3个面团交叉打成辫子。

入模。

二次发酵

32℃发酵60分钟。

烤制

表面刷鸡蛋液。

上火170℃、下火240℃烤制约25分钟。

做法 STEP BY STEP

1 酸奶菌种制作

材料A搅拌均匀（建议发酵种温度26℃），放入密封容器，于28℃发酵180分钟（发酵状态约发酵种的1.5倍大），再于5℃冷藏12～16小时。

2 搅拌制程

材料B与发酵种放入搅拌缸，以低速搅拌成团，转中速搅拌至面团表面微光滑，再加入材料C，搅拌至完全扩展，取出面团后切块。材料D放入搅拌缸，面团分批放入，搅拌均匀即可，面团终温25℃。

3 一次发酵、排气翻面

面团于28℃发酵40分钟，面团压平后翻面，采用3折1次法，于28℃继续发酵20分钟。

4 分割、醒发

发酵好的面团分割成每个90克，24个，分别折叠后收圆。将分割好的面团于28℃发酵25分钟。

5 整形、二次发酵

手拍擀卷

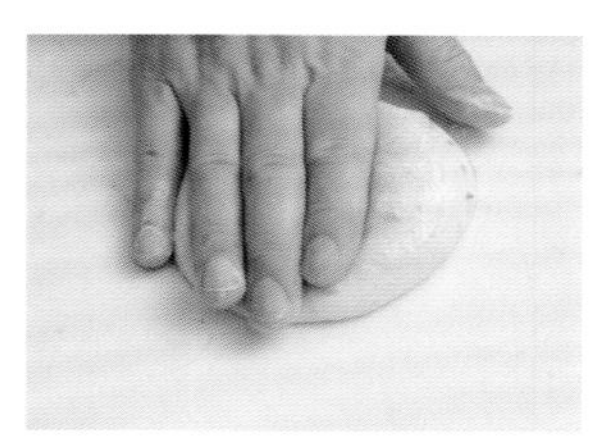

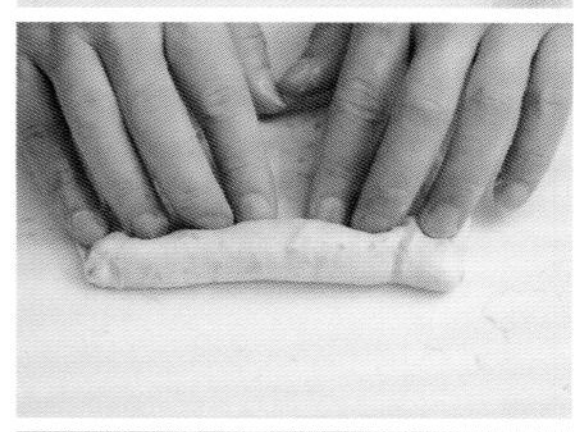

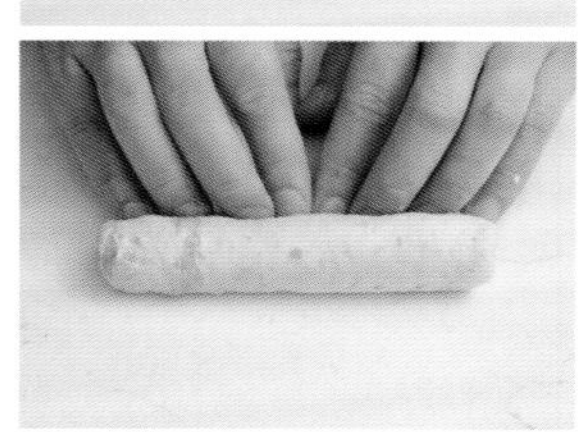

轻拍面团排出气体后，从中间朝上下擀成厚薄一致的椭圆形，拉成正方形，底部卷起收合成长圆柱。

打辫子

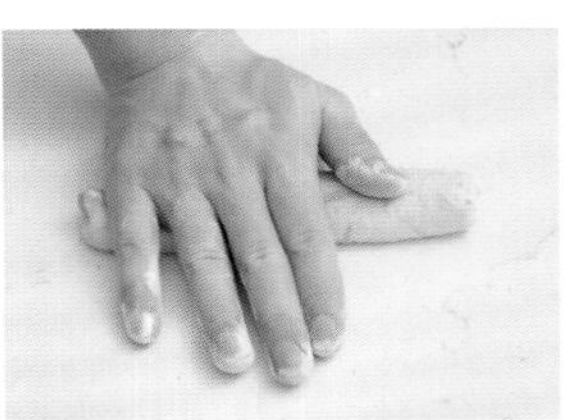

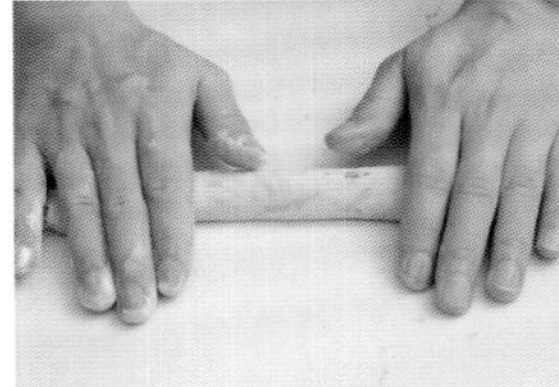

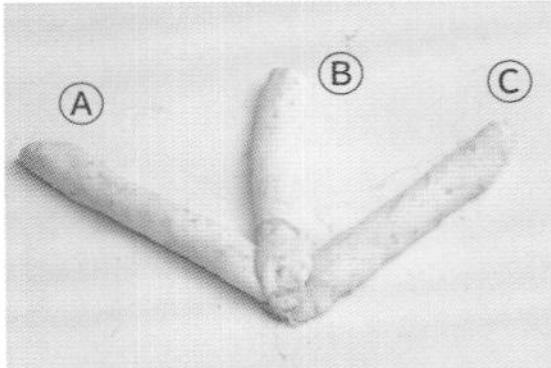

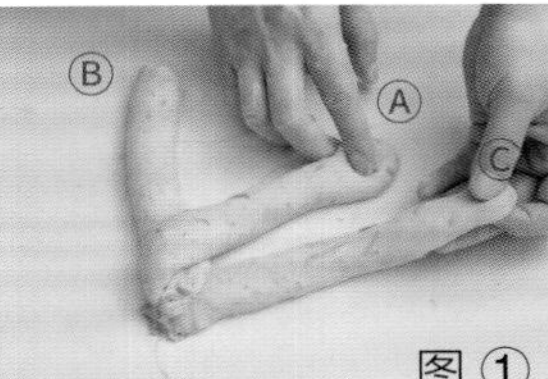

图①

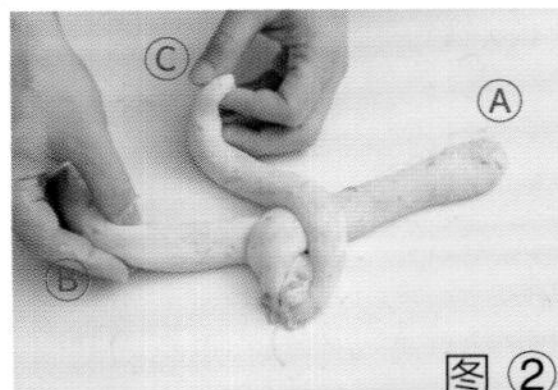

图②

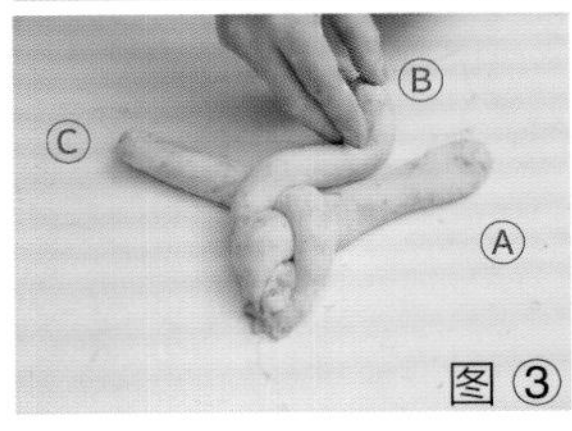

图③

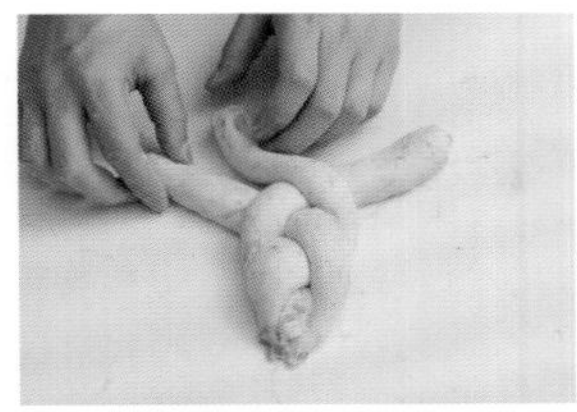

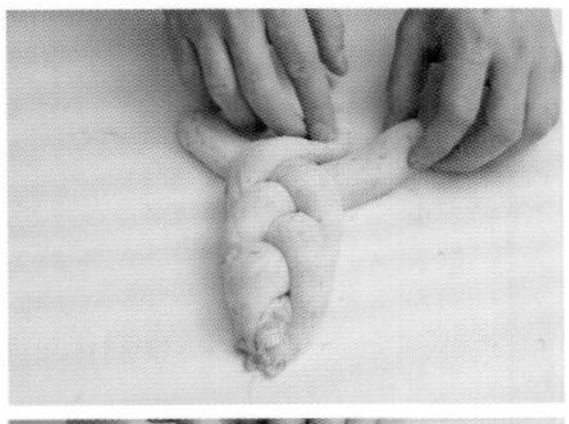

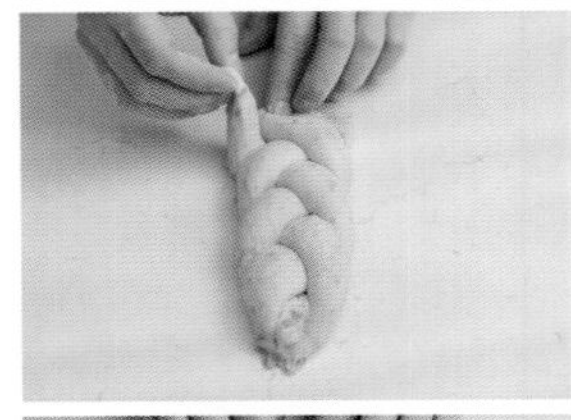

面团轻轻搓长，3个面团1组，交叉成辫子状，编号Ⓐ叠在Ⓑ上方（图①）、Ⓒ叠在Ⓐ上方（图②）、Ⓑ叠在Ⓒ上方（图③），依此顺序交叉制成辫子状至完成，收口端捏合。

入模

整形好的面团放入吐司模，共完成8模，于32℃发酵60分钟。

6 烤制

表面刷鸡蛋液，放入烤箱，用上火170℃、下火240℃，烤制约25分钟，脱模后放凉。

CHAPTER 3

CHEWY BAGEL

嚼劲贝果

原味贝果

Quantity 分量 | 20 个

材料 INGREDIENTS

老面法	百分比（%）	重量（克）
A 高筋面粉	100	850
细砂糖	6	51
海盐	1.8	15
低糖酵母	0.8	7
水	65	553
法国老面（*）	40	340
B 发酵奶油	4	34
合计	217.6%	1850 克

其他材料 OTHERS

汆烫水（P. 33）

（*）法国老面

材料	百分比（%）	重量（克）
法国面粉	100	1000
盐	2	20
低糖酵母	0.5	5
水	70	700

►做法

所有材料一起搅拌均匀至8分筋力，放入密封容器，28℃发酵60分钟，于5℃冷藏16～18小时即可使用。

基本工序 PROCESS

老面法搅拌制程

材料A低速搅拌成团，中速搅拌至面团稍平整，加入材料B，搅拌至8分筋力（裂口切面呈微锯齿状），终温26℃。

一次发酵

28℃发酵50分钟。

分割

90克，折叠收圆。

醒发

28℃发酵25分钟。

整形

面团擀开后，卷起收合形成长条状，头尾结合呈圆圈造型。

二次发酵

30℃发酵约20分钟。

汆烫

保持水持续微沸，贝果正反面各汆烫30秒，沥干后排入烤盘。

烤制

上火220℃、下火180℃烤制约14分钟。

做法 STEP BY STEP

1 搅拌制程

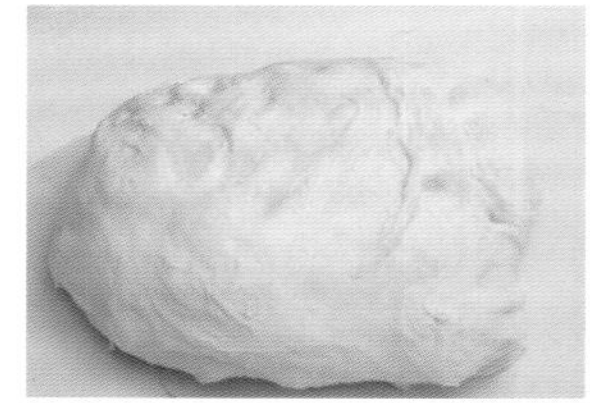

材料A放入搅拌缸，以低速搅拌成团，转中速搅拌至面团稍平整，加入材料B，搅拌至8分筋力（薄膜呈雾面，裂口切面呈微锯齿状），面团终温26℃。

2 一次发酵

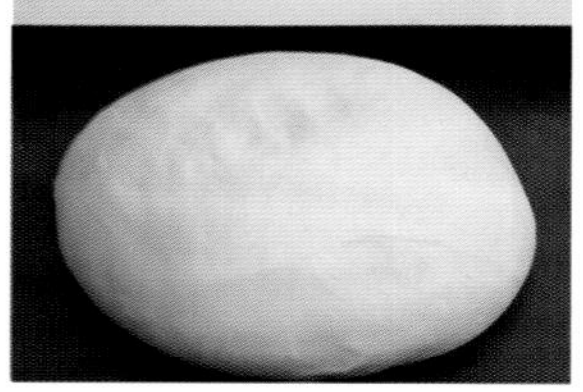

面团于28℃发酵50分钟。

3 分割、醒发

发酵好的面团分割成每个90克，共20个，分别折叠后收圆。将分割好的面团于28℃发酵25分钟。

4 整形、二次发酵

卷成长圆柱

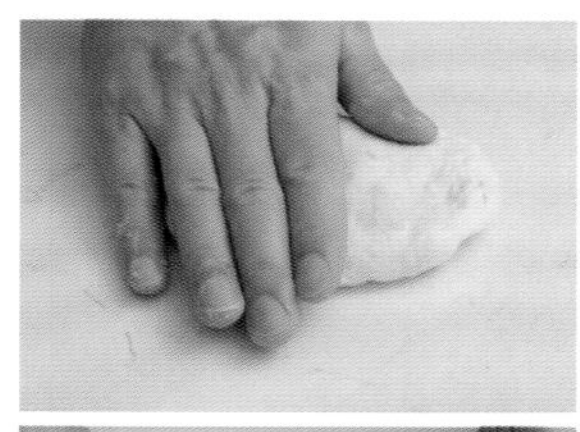

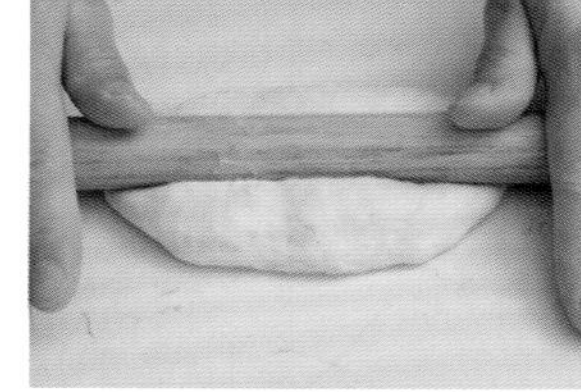

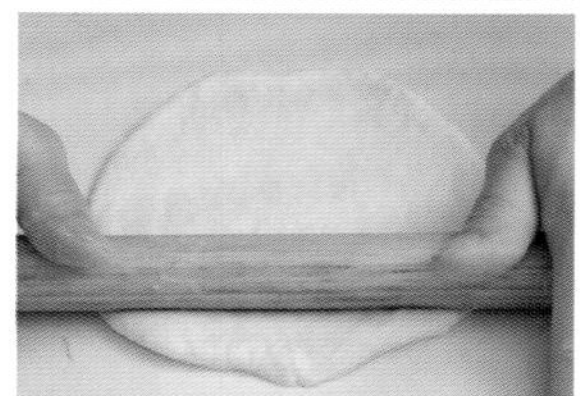

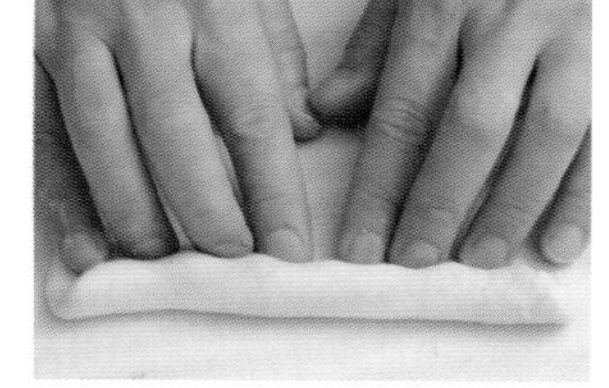

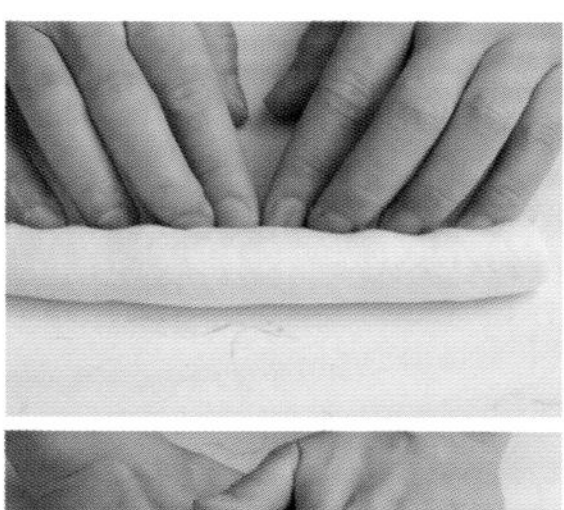

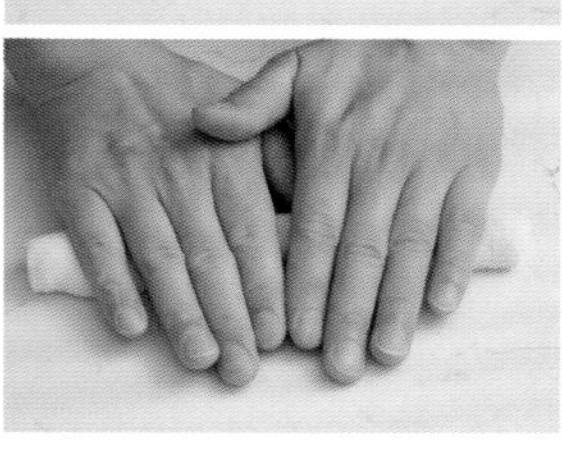

轻拍面团排出气体后，从中间朝上下擀成厚薄一致的椭圆形，拉成正方形后，底部压薄捏合，卷起成长圆柱。

圆圈造型

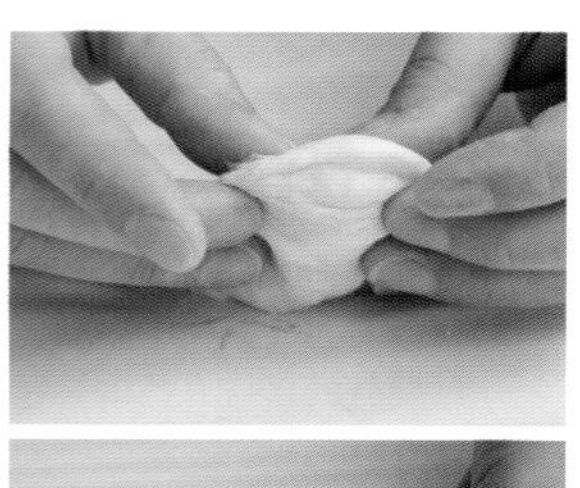

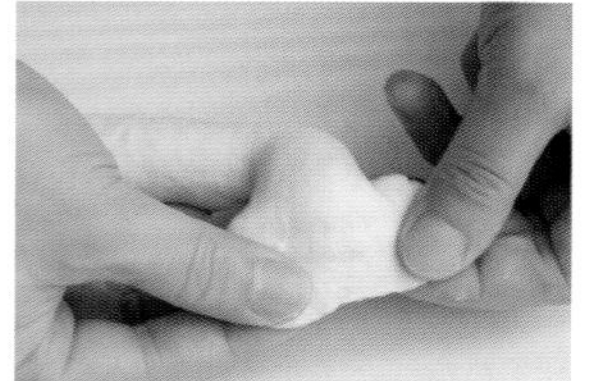

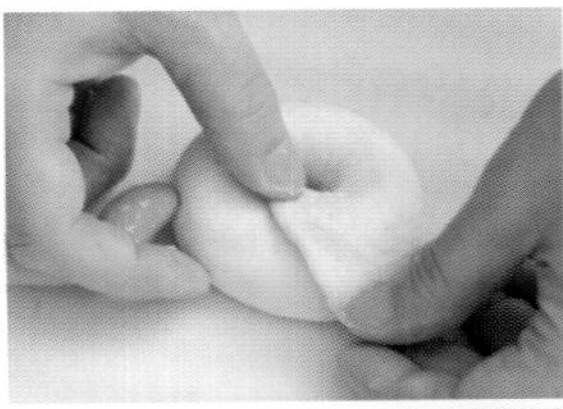

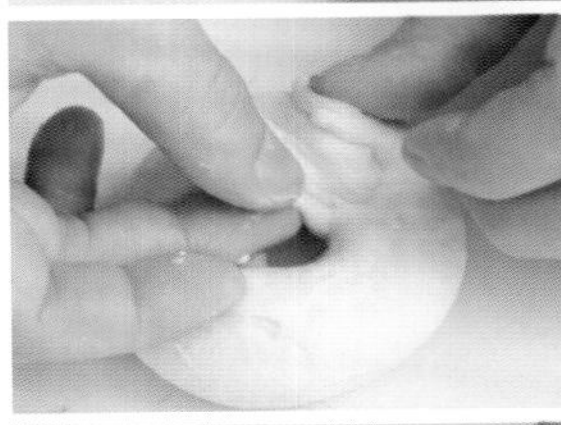

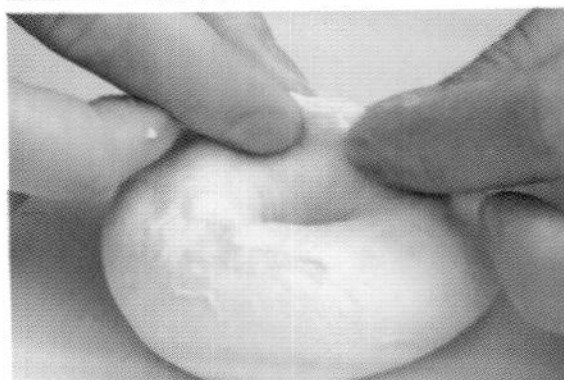

将一侧面团以指腹轻压摊开，面团呈圆圈造型，将摊开面团覆盖另一侧表面，完全包覆捏合。

发酵

将整形好的面团放入烤盘，共完成20个，于30℃发酵20分钟。

5 氽烫

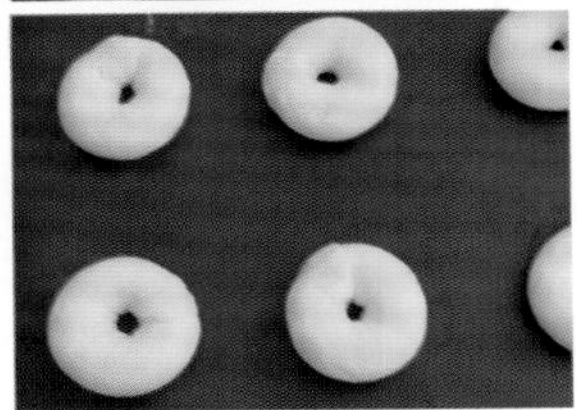

保持水持续微沸，贝果正反面各氽烫30秒，捞起后沥干，排入烤盘。

6 烤制

放入烤箱，用上火220℃、下火180℃，烤制约14分钟，出炉后放凉。

贝果知识库

做法5小贴士

氽烫形成厚实的面包皮

氽烫面团的目的是利用水温将其面团表面糊化，提早形成较为厚实、有韧性的面包皮，避免后续烤制膨胀过度，而变成较松软的质地。

奇亚籽蔓越莓贝果

Quantity 分量 | 20 个

材料 INGREDIENTS

冷藏法	百分比（%）	重量（克）
A 法国面粉	40	344
高筋面粉	60	516
细砂糖	6	52
海盐	1.5	13
低糖酵母	0.7	6
水	66	568
B 发酵奶油	5	43
C 浸泡奇亚籽（*）	12	103
合计	191.2%	1645克

其他材料 OTHERS

酒渍蔓越莓干（**）、汆烫水（P.33）

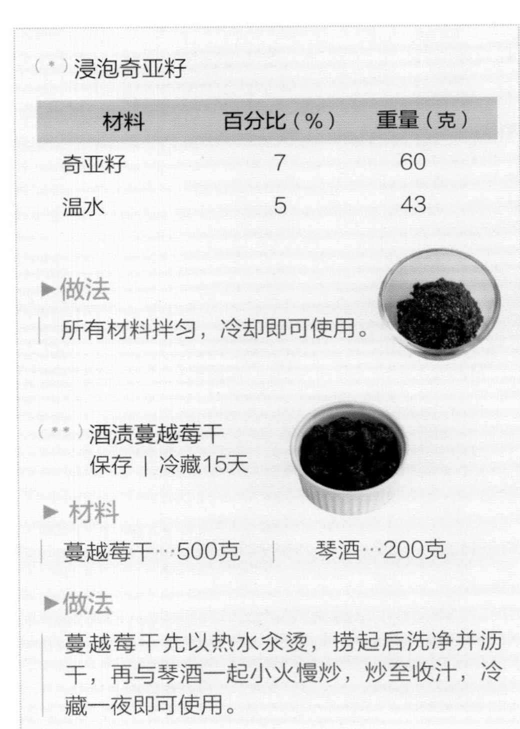

（*）浸泡奇亚籽

材料	百分比（%）	重量（克）
奇亚籽	7	60
温水	5	43

▶做法

所有材料拌匀，冷却即可使用。

（**）酒渍蔓越莓干
保存 | 冷藏15天

▶材料

蔓越莓干…500克 | 琴酒…200克

▶做法

蔓越莓干先以热水汆烫，捞起后洗净并沥干，再与琴酒一起小火慢炒，炒至收汁，冷藏一夜即可使用。

基本工序 PROCESS

冷藏法搅拌制程

材料A低速搅拌成团，中速搅拌至面团稍平整，加入材料B，搅拌至8分筋力（裂口切面呈微锯齿状）。
面团切块，分批放入搅拌缸，与材料C搅拌均匀，终温26℃。

一次发酵

28℃发酵40分钟。

分割

80克，折叠收圆。

醒发

3℃冷藏10～12小时。

整形

待面团解冻，表面按压时会呈现弹性即可整形。
面团擀开后，铺上12克酒渍蔓越莓干，卷起收合形成长条状，头尾结合呈圆圈造型。

二次发酵

30℃发酵约20分钟。

汆烫

保持水持续微沸，贝果正反面各汆烫30秒钟，沥干后排入烤盘。

烤制

上火220℃、下火180℃烤制约15分钟。

做法 STEP BY STEP

1 冷藏法搅拌制程

材料A放入搅拌缸，以低速搅拌成团，转中速搅拌至面团表面稍平整，再加入材料B搅拌至8分筋力（薄膜呈雾面，裂口切面呈微锯齿状）。材料C放入搅拌缸，面团分批放入，搅拌均匀即可，面团终温26℃。

2 一次发酵

面团于28℃发酵40分钟。

3 分割、低温冷藏发酵

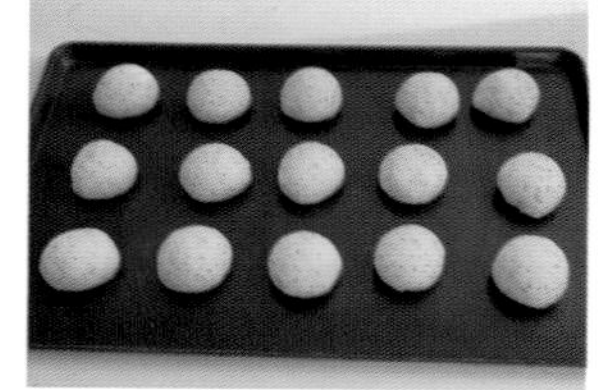

发酵好的面团分割成每个80克，共20个，分别折叠后收圆。将分割好的面团密封好，于3℃冷藏10～12小时。

4 解冻、整形、二次发酵

解冻、卷成长圆柱

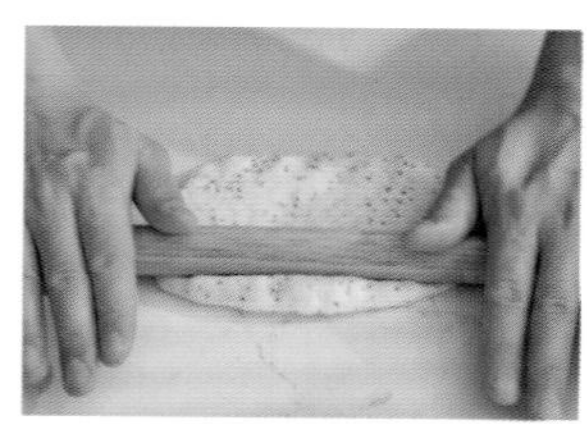

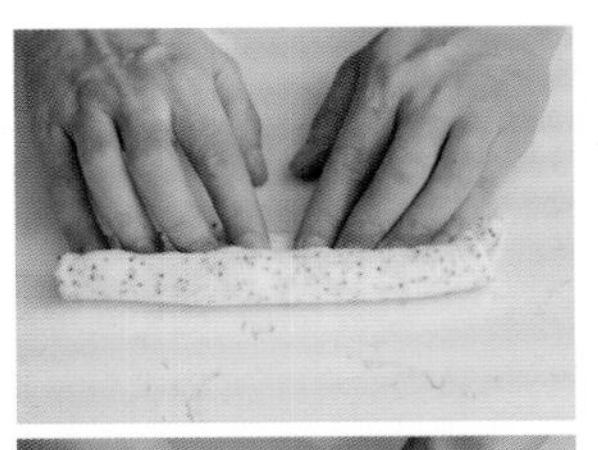

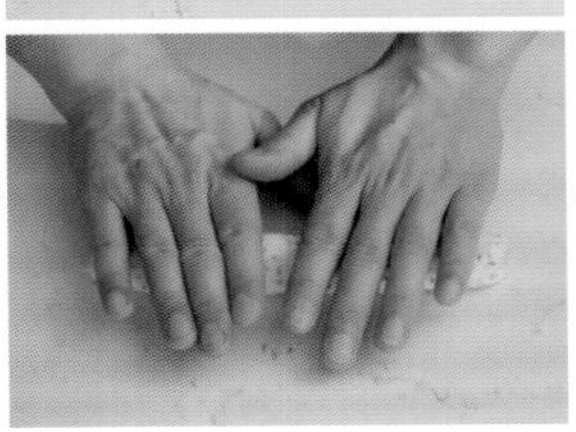

待面团解冻，可以用指腹按压面团判断，按压时面团表面呈现弹性，即可进行整形。轻拍面团排出气体后，从中间朝上下擀成厚薄一致的椭圆形，拉成正方形后底部压薄捏合，铺上12克酒渍蔓越莓干，卷起成长圆柱。

圆圈造型

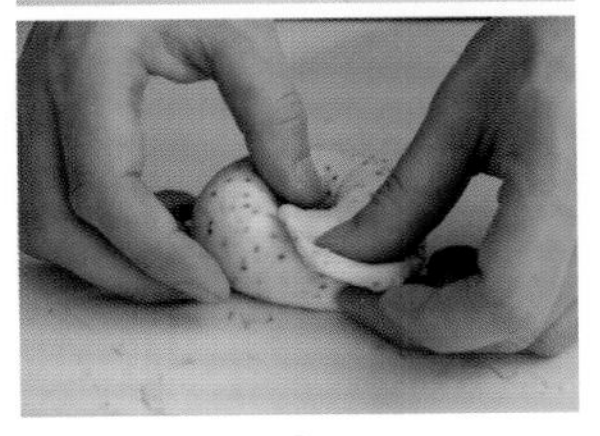

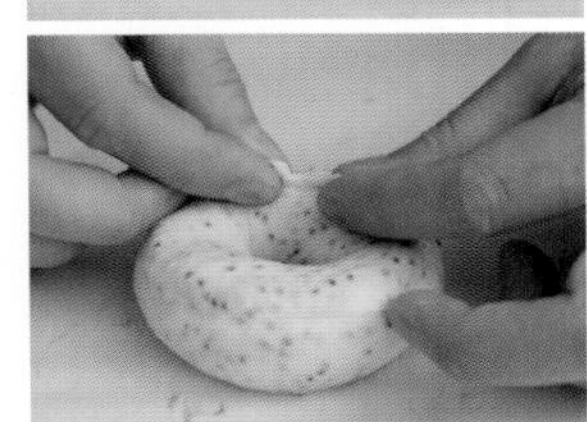

将一侧面团以指腹轻压摊开，面团呈现圆圈造型，将摊开面团覆盖另一侧表面，完全包覆捏合。

发酵

整形好的面团放入烤盘，共完成20个，于30℃发酵20分钟。

5 汆烫

保持水持续微沸，贝果正反面各汆烫30秒，捞起后沥干，排入烤盘。

6 烤制

放入烤箱，用上火220℃、下火180℃，烤制约15分钟，出炉后放凉。

小麦米贝果

Quantity 分量｜20 个

材料 INGREDIENTS

冷藏液种	百分比(%)	重量(克)
A 全麦面粉	20	170
高筋面粉	10	85
海盐	0.1	1
低糖酵母	0.2	2
水	30	255

主面团	百分比(%)	重量(克)
B 高筋面粉	70	595
细砂糖	5	43
海盐	1.8	15
低糖酵母	0.5	4
水	40	340
C 发酵奶油	3	26
D 小麦米	12	102
合计	192.6%	1638 克

其他材料 OTHERS

汆烫水(P. 33)

基本工序 PROCESS

冷藏液种制作

材料A拌匀，建议种温26℃，28℃发酵60分钟，再于5℃冷藏12~16小时。

搅拌制程

材料B与发酵种低速搅拌成团，中速搅拌至面团表面微光滑，加入材料C，搅拌至8分筋力(裂口切面呈微锯齿状)。

面团切块，分批放入搅拌缸，与材料D搅拌均匀，终温26℃。

一次发酵

28℃发酵40分钟。

分割

80克，折叠收圆。

醒发

28℃发酵25分钟。

整形

面团擀开后，卷起收合形成长条状，头尾结合呈圆圈造型。

二次发酵

30℃发酵约20分钟。

汆烫

保持水持续微沸，贝果正反面各汆烫30秒钟，沥干后排入烤盘。

烤制

上火220℃、下火180℃烤制约14分钟。

做法 STEP BY STEP

1 冷藏液种制作

材料A搅拌均匀（建议发酵种温度26℃），放入密封容器，于26℃发酵60分钟，再于5℃冷藏12～16小时。

2 搅拌制程

材料B与发酵种放入搅拌缸，以低速搅拌成团，转中速搅拌至面团表面稍平整，再加入材料C搅拌至8分筋力（薄膜呈雾面，裂口切面呈微锯齿状），取出面团后切块。材料D放入搅拌缸，面团分批放入，搅拌均匀即可，面团终温26℃。

3 一次发酵

面团于28℃发酵40分钟。

4 分割、醒发

发酵好的面团分割成每个80克，共20个，分别折叠后收圆。将分割好的面团于28℃发酵25分钟。

5 整形、二次发酵

卷成长圆柱

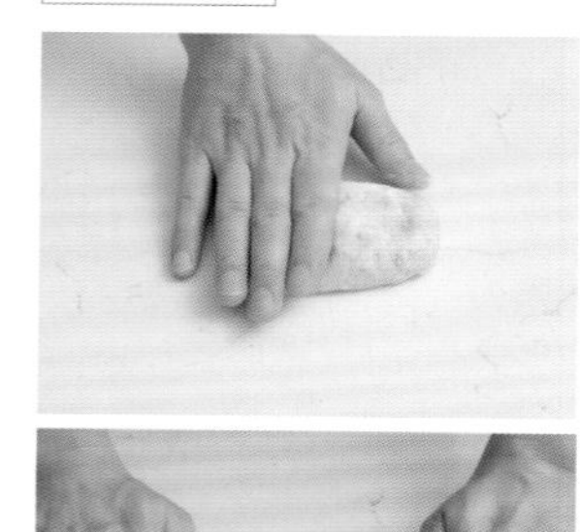

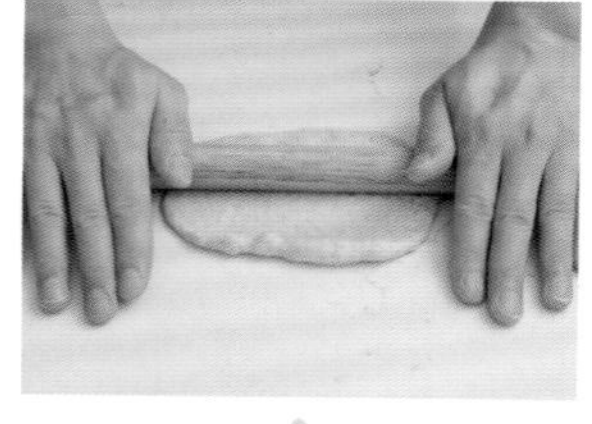

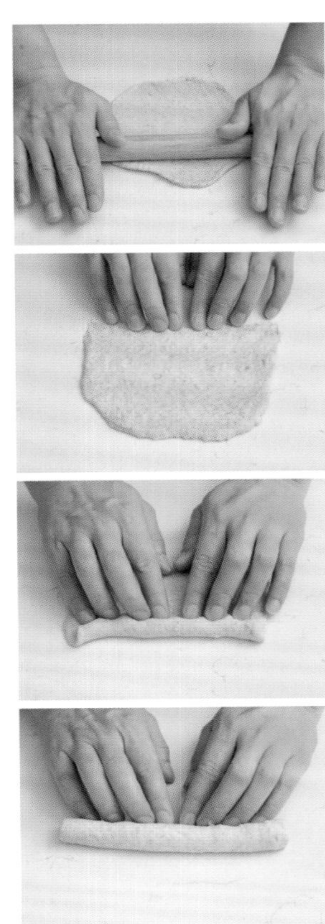

轻拍面团排出气体后，从中间朝上下擀成厚薄一致的椭圆形，拉正成方形后底部压薄捏合，卷起成长圆柱。

圆圈造型

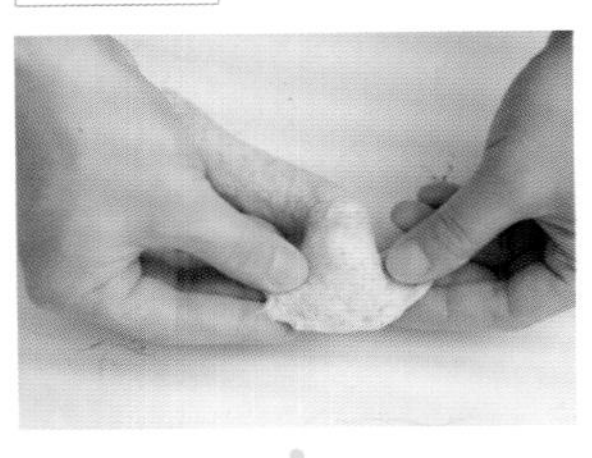

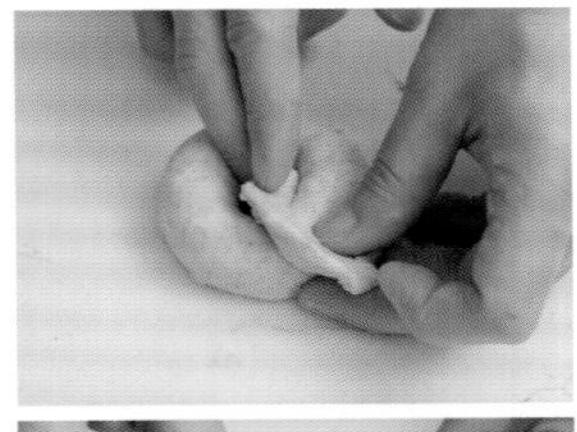

将一侧面团以指腹轻压摊开，面团呈现圆形，将摊开面团覆盖另一侧表面，完全包覆捏合。

发酵

整形好的面团放入烤盘，共完成20个，于30℃发酵20分钟。

6 汆烫

保持水持续微沸，贝果正反面各汆烫30秒，捞起后沥干，排入烤盘。

7 烤制

放入烤箱，用上火220℃、下火180℃，烤制约14分钟，出炉后放凉。

红藜洛神花贝果

Quantity 分量 | 20个

(*)熟红藜麦
保存 | 冷冻15天

以一般洗米方式洗净，再和足够的水一起煮，大火煮至沸腾，转至中小火保持微沸约8分钟即可关火，冷却即可使用。

- 可依照制作分量分装冷冻，使用前提早于冷藏室解冻。
- 藜麦表面含有天然的植物素——皂素，将表面以清水冲洗干净即可。
- 藜麦在长时间泡水或加热过程都会有冒芽现象，因藜麦活性高，即使煮熟的藜麦仍会持续发酵发芽，因此有足够养分而进行活化。

材料 INGREDIENTS

冷藏中种	百分比（%）	重量（克）
A 高筋面粉	40	320
细砂糖	2	16
海盐	0.1	1
低糖酵母	0.2	2
水	27	216
主面团	**百分比（%）**	**重量（克）**
B 高筋面粉	60	480
细砂糖	5	40
海盐	1.2	10
低糖酵母	0.5	4
水	38	304
C 发酵奶油	5	40
D 熟红藜麦（*）	12	96
洛神花干（**）	16	128
合计	207%	1657 克

其他材料 OTHERS

完整的洛神花干（**）、汆烫水（P.33）

洛神花干（**）

严选蜂蜜洛神花，配方中将部分蜂蜜洛神花切碎拌入面团，在整形好的面团表面装饰整朵洛神花，呈现视觉与味觉的双重享受。

基本工序 PROCESS

冷藏中种制作

材料A搅拌至面团表面微光滑，建议种温24℃，28℃发酵60分钟，再于5℃冷藏12～16小时。

搅拌制程

材料B与发酵种低速搅拌成团，中速搅拌至面团表面微光滑，加入材料C，搅拌至8分筋力（裂口切面呈微锯齿状）。

面团切块，分批放入搅拌缸，与材料D搅拌均匀，终温26℃。

一次发酵

28℃发酵40分钟。

分割

80克，折叠收圆。

醒发

28℃发酵20分钟。

整形

面团擀开后，卷起收合形成长条状，头尾结合呈圆圈造型。

二次发酵

30℃发酵约20分钟。

汆烫

保持水持续微沸，贝果正反面各汆烫30秒钟，沥干后排入烤盘。表面装饰1朵完整的洛神花干。

烤制

上火220℃、下火180℃，蒸汽3秒，烤制约14分钟。

做法 STEP BY STEP

1 冷藏中种制作

材料A搅拌至面团表面微光滑（建议发酵种温度24℃），放入密封容器，于28℃发酵60分钟，再于5℃冷藏12～16小时。

2 搅拌制程

材料B与发酵种放入搅拌缸，以低速搅拌成团，转中速搅拌至面团表面稍平整，再加入材料C搅拌至8分筋力（薄膜呈雾面，裂口切面呈微锯齿状），取出面团后切块。材料D放入搅拌缸，面团分批放入，搅拌均匀即可，面团终温26℃。

3 一次发酵

面团于28℃发酵40分钟。

4 分割、醒发

发酵好的面团分割成每个80克，共20个，分别折叠后收圆。将分割好的面团于28℃发酵20分钟，再轻拍面团排出气体后，从中间朝上下擀。

5 整形、二次发酵

卷成长圆柱

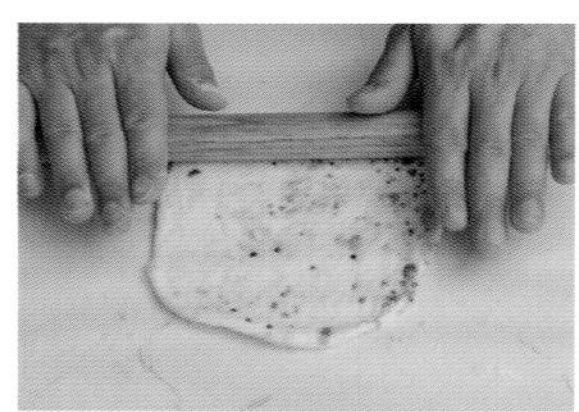

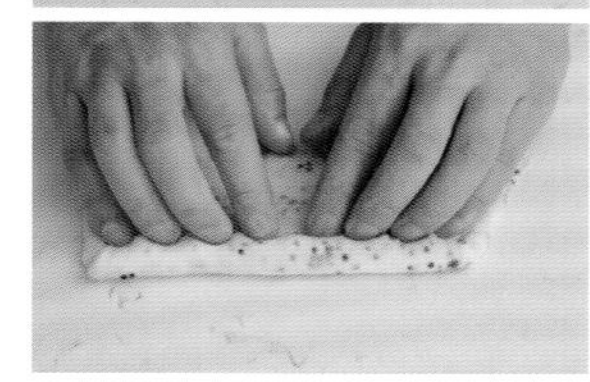

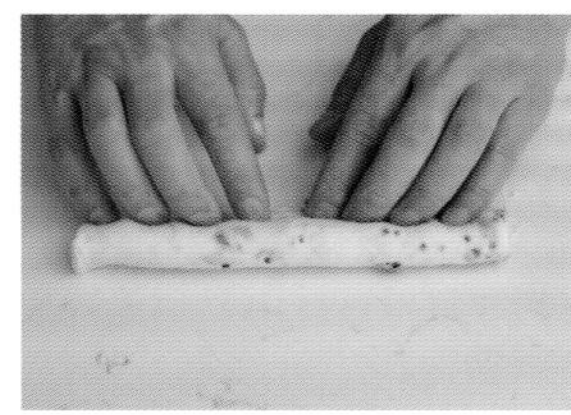

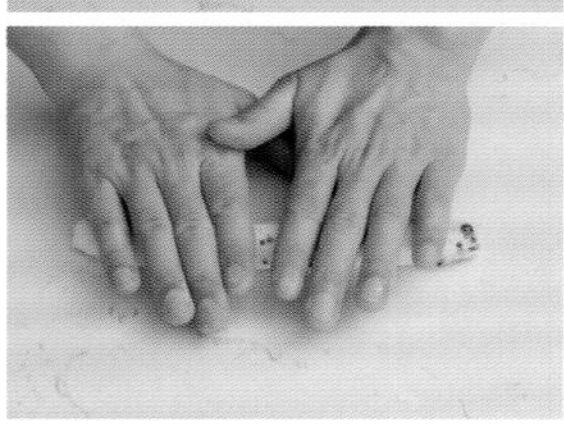

擀成厚薄一致的椭圆形，拉成正方形后，底部压薄捏合，卷起成长圆柱。

圆圈造型

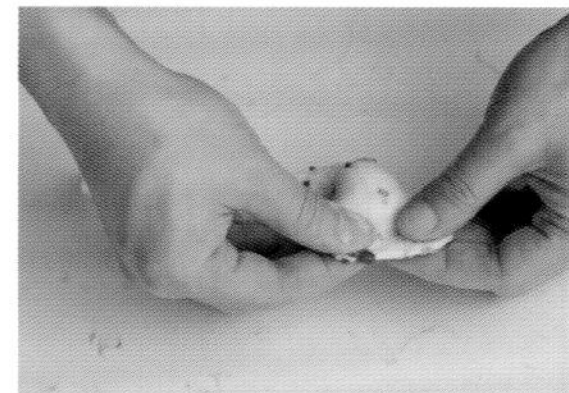

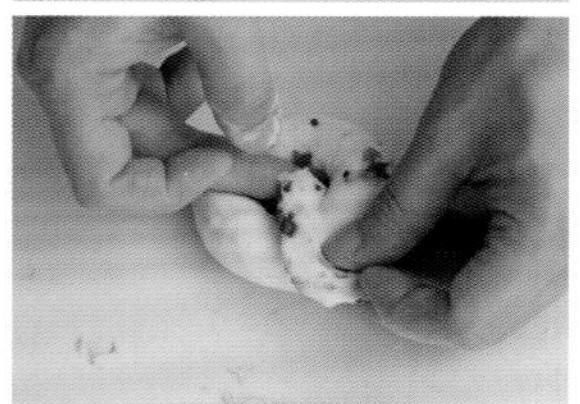

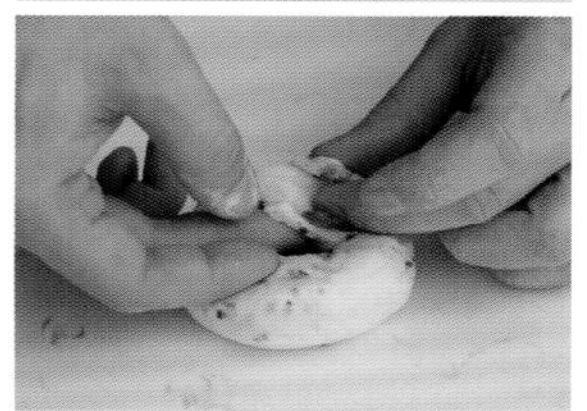

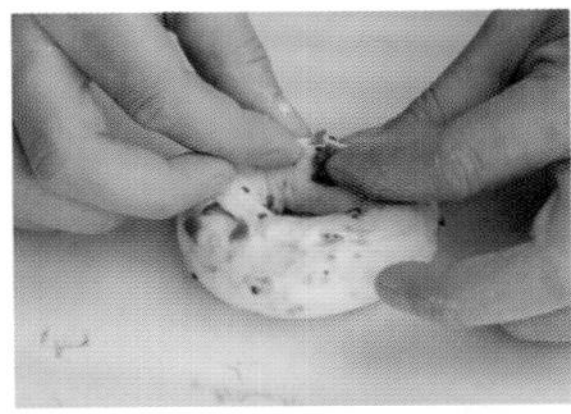

将一侧面团以指腹轻压摊开，面团呈现圆圈造型，将摊开面团覆盖另一侧表面，完全包覆捏合。

发酵

整形好的面团放入烤盘，共完成20个，于30℃发酵20分钟。

6 汆烫

保持水持续微沸，贝果正反面各汆烫30秒，捞起后沥干，排入烤盘，在面团表面摆放整朵完整的洛神花干。

7 烤制

放入烤箱，用上火220℃、下火180℃，开启蒸汽3秒，烤制约14分钟，出炉后放凉。

果酿山胡椒贝果

Quantity 分量 | 20 个

(*) 山胡椒

山胡椒，又称“马告”，带着柠檬、姜和胡椒的特殊香气，是拥有多层次风味的辛香料，借由此香气融入面团与果干中，可引出更迷人的风味。

因山胡椒采集后容易氧化，需要冷冻保存，故此配方使用晒干的山胡椒，也较容易存放。将其打成粉末状再使用，口感较好。

材料 INGREDIENTS

冷藏中种	百分比（%）	重量（克）
A 高筋面粉	30	270
海盐	0.1	1
低糖酵母	0.2	2
水	20	180
主面团	**百分比（%）**	**重量（克）**
B 高筋面粉	70	630
细砂糖	5	45
海盐	1.6	14
低糖酵母	0.6	5
水	45	405
酒粕（P. 19）	3	27
C 发酵奶油	5	45
山胡椒（*）	0.8	7
D 山胡椒酒渍混合果干（**）	23	207
合计	204.3%	1838 克

其他材料 OTHERS

汆烫水（P. 33）

（**）山胡椒酒渍混合果干

保存 | 冷藏10天

▶材料

A 芒果干…200克
蔓越莓干…200克
橘皮丁…200克
白朗姆酒…240克
B 山胡椒…5克

▶做法

3种果干先以热水汆烫后沥干，再与白朗姆酒一起小火慢炒至收汁，离火后拌入山胡椒，冷却后冷藏一夜即可使用。

基本工序 PROCESS

▼冷藏中种制作

材料A搅拌至面团表面微光滑，建议种温24℃，28℃发酵60分钟，再于5℃冷藏12～16小时。

▼搅拌制程

材料B与发酵种低速搅拌成团，中速搅拌至面团表面微光滑，加入材料C，搅拌至8分筋力（裂口切面呈微锯齿状）。

面团切块，分批放入搅拌缸，与材料D搅拌均匀，终温26℃。

▼一次发酵

28℃发酵40分钟。

▼分割

90克，折叠收圆。

▼醒发

28℃发酵25分钟。

▼整形

面团擀开后，卷起收合形成长条状，头尾结合呈圆圈造型。

▼二次发酵

30℃发酵约20分钟。

▼汆烫

保持水持续微沸，贝果正反面各汆烫30秒，沥干后排入烤盘。

▼烤制

上火220℃、下火180℃烤制约15分钟。

做法 STEP BY STEP

1 冷藏中种制作

材料A搅拌至面团表面微光滑（建议发酵种温度24℃），放入密封容器，于28℃发酵60分钟，再于5℃冷藏12～16小时。

2 搅拌制程

材料B与发酵种放入搅拌缸，以低速搅拌成团，转中速搅拌至面团表面稍平整，再加入材料C搅拌至8分筋力（薄膜呈雾面，裂口切面呈微锯齿状），取出面团后切块。材料D放入搅拌缸，面团分批放入，搅拌均匀即可，面团终温26℃。

3 一次发酵

面团于28℃发酵40分钟。

4 分割、醒发

发酵好的面团分割成每个90克，共20个，分别折叠后收圆。将分割好的面团于28℃发酵25分钟。

5 整形、二次发酵

卷成长圆柱

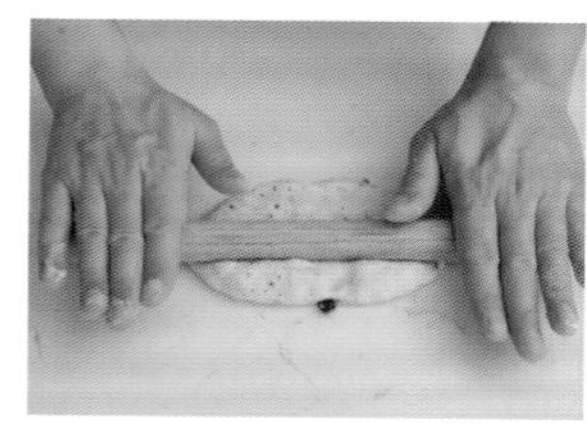

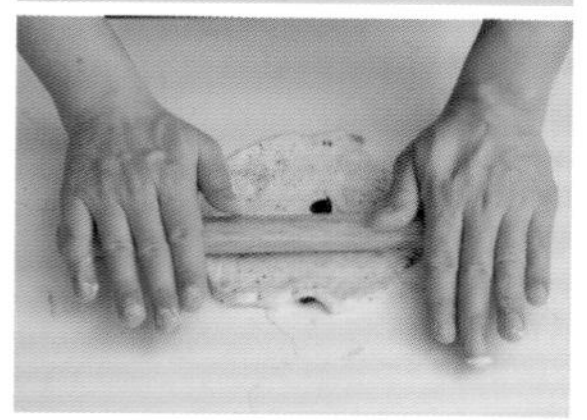

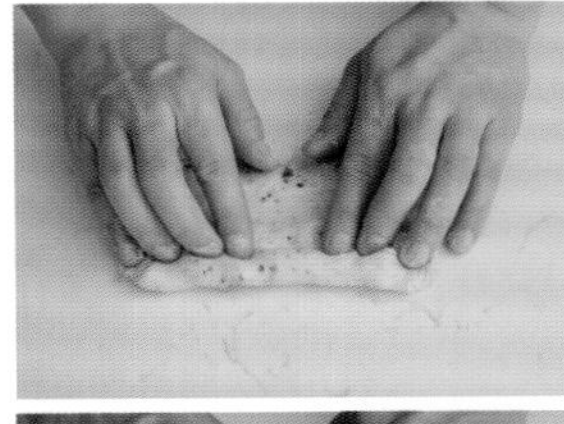

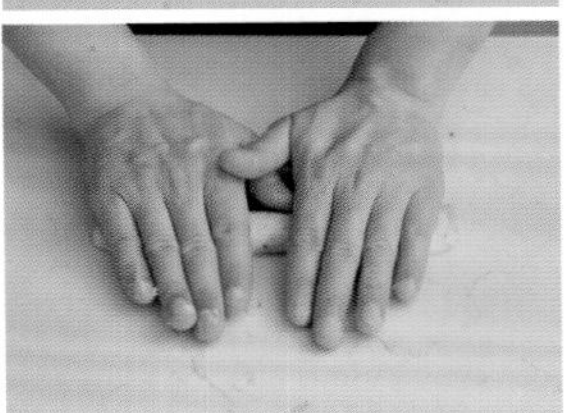

轻拍面团排出气体后，从中间朝上下擀成厚薄一致的椭圆形，拉成正方形后，底部压薄捏合，卷起成长圆柱。

圆圈造型

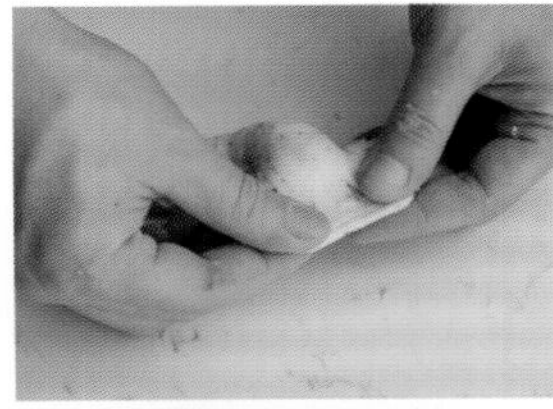
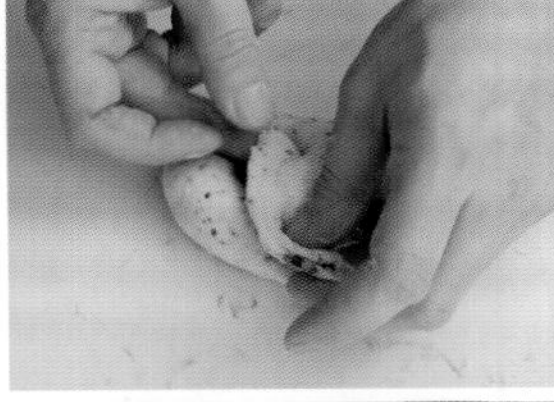
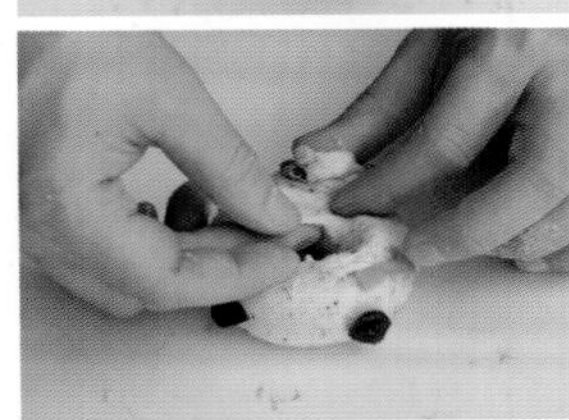

将一侧面团以指腹轻压摊开，面团呈现圆圈造型，将摊开面团覆盖另一侧表面，完全包覆捏合。

发酵

整形好的面团放入烤盘，共完成20个，于30℃发酵20分钟。

6 氽烫

保持水持续微沸，贝果正反面各氽烫30秒，捞起后沥干，排入烤盘。

7 烤制

放入烤箱，用上火220℃、下火180℃，烤制约14分钟，出炉后放凉。

香草芒果贝果

Quantity 分量 | 20 个

（＊）香草牛奶

材料	百分比（%）	重量（克）
80℃牛奶	81	680
香草荚	—	1 根

►做法

将香草籽刮入已加热至80℃的牛奶中，拌匀，冷却至常温即可和发酵种搅拌，剩余的部分冷藏一夜，后续加入主面团中。

- 利用牛奶加热的温度与香草籽融合，让风味更加明显，发挥其价值。

（＊＊）香草皮粉

香草荚外皮仍含有丰富的气味，故将外皮再利用，干燥后将其磨成粉，再运用在面团中，可更好地辅助香草气味的提升。

材料 INGREDIENTS

香草液种	百分比（%）	重量（克）
A 法国面粉	30	252
海盐	0.1	1
低糖酵母	0.2	2
香草牛奶（*）	36	302
主面团	**百分比（%）**	**重量（克）**
B 法国面粉	20	168
高筋面粉	50	420
细砂糖	8	67
海盐	1.2	10
低糖酵母	0.5	4
香草牛奶（*）	45	378
C 发酵奶油	6	50
香草皮粉（**）	0.3	3
合计	197.3%	1657 克

其他材料 OTHERS

香草芒果干（***）、汆烫水（P. 33）

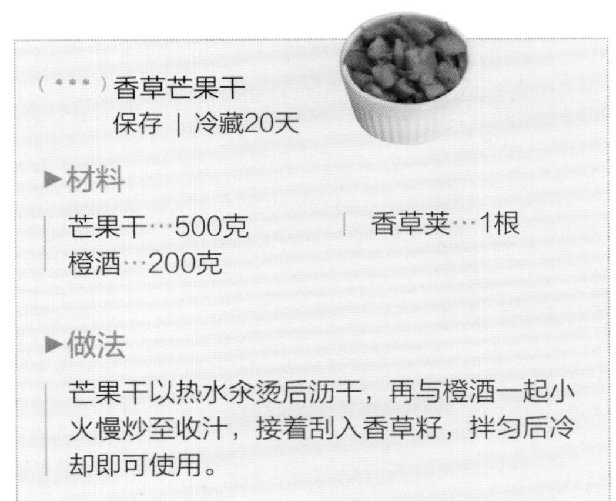

（***）香草芒果干
保存 | 冷藏20天

▶材料

芒果干…500克
橙酒…200克
香草荚…1根

▶做法

芒果干以热水汆烫后沥干，再与橙酒一起小火慢炒至收汁，接着刮入香草籽，拌匀后冷却即可使用。

基本工序 PROCESS

香草液种制作

材料A拌匀，建议种温26℃，28℃发酵60分钟，再于5℃冷藏12~16小时。

搅拌制程

材料B与发酵种低速搅拌成团，中速搅拌至面团表面微光滑，加入材料C，搅拌至8分筋力（裂口切面呈微锯齿状），终温26℃。

一次发酵

28℃发酵40分钟。

分割

80克，折叠收圆。

醒发

28℃发酵25分钟。

整形

面团擀开后，铺上15克香草芒果干，卷起收合形成长条状，头尾结合呈圆圈造型。

二次发酵

30℃发酵约20分钟。

汆烫

保持水持续微沸，贝果正反面各汆烫30秒，沥干后排入烤盘。

烤制

上火220℃、下火180℃烤制约15分钟。

做法 STEP BY STEP

1 香草液种制作

材料A搅拌均匀（建议发酵种温度26℃），放入密封容器，于28℃发酵60分钟，再于5℃冷藏12~16小时。

2 搅拌制程

材料B与发酵种放入搅拌缸，以低速搅拌成团，转中速搅拌至面团表面稍平整，再加入材料C搅拌至8分筋力（薄膜呈雾面，裂口切面呈微锯齿状），面团终温26℃。

3 一次发酵

面团于28℃发酵40分钟。

4 分割、醒发

发酵好的面团分割成每个80克，共20个，分别折叠后收圆。将分割好的面团于28℃发酵25分钟。

5 整形、二次发酵

卷成长圆柱

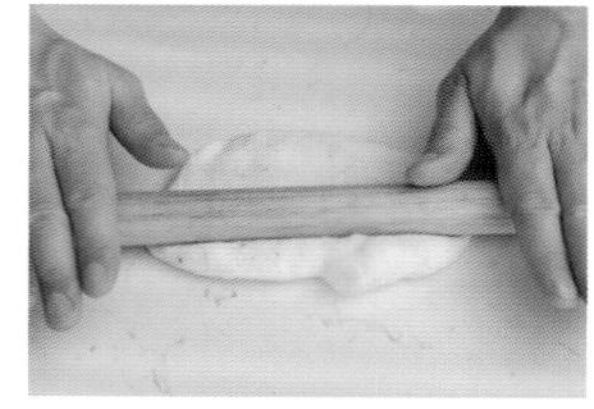

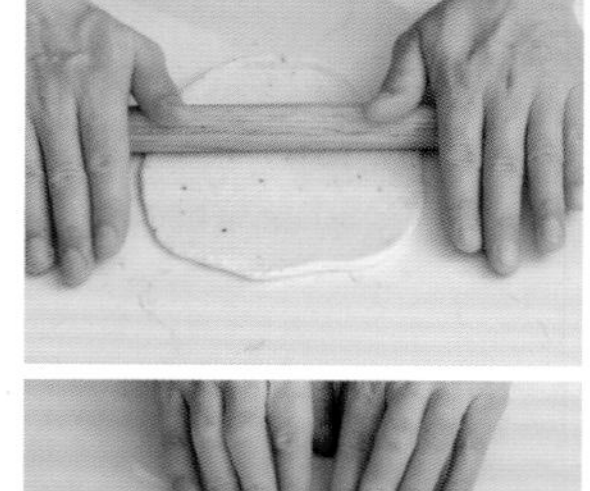

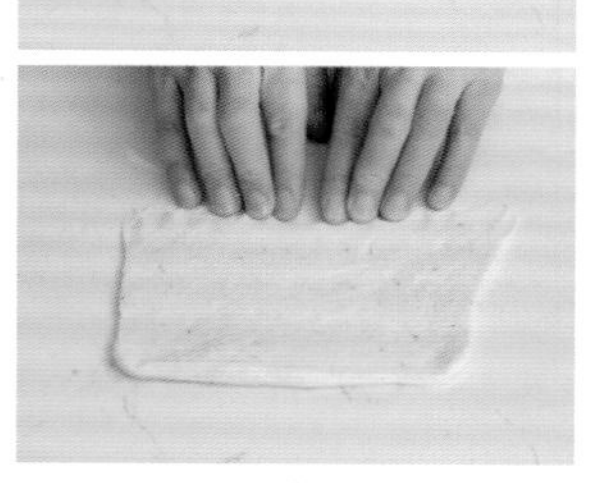

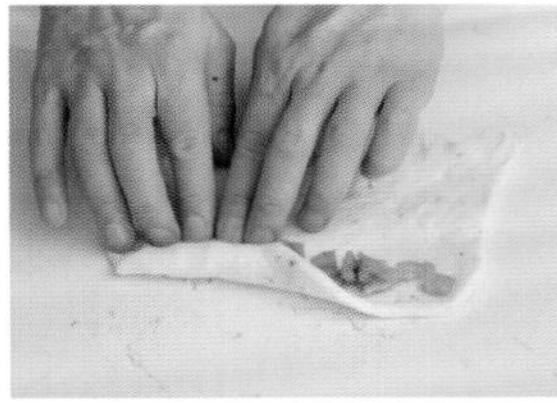
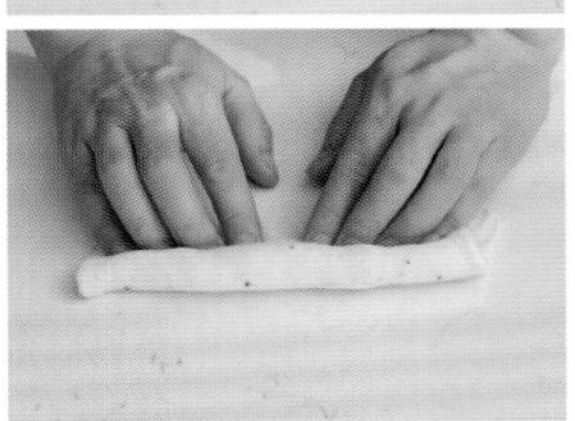
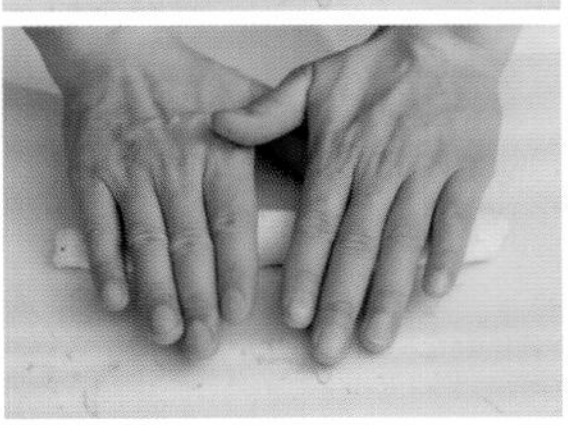

轻拍面团排出气体后，从中间朝上下擀成厚薄一致的椭圆形，拉成正方形后，底部压薄捏合，铺上15克香草芒果干，卷起成长圆柱。

圆圈造型

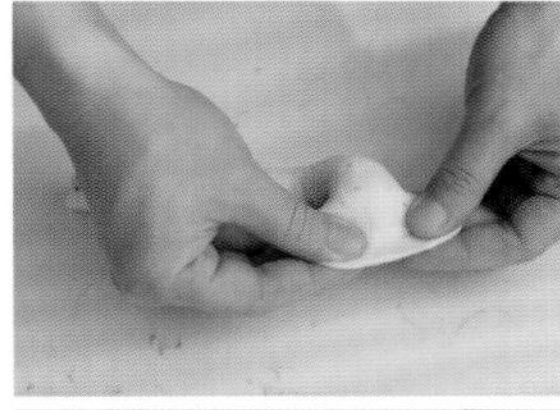
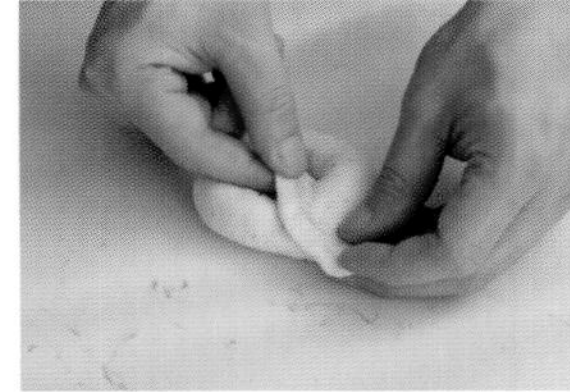
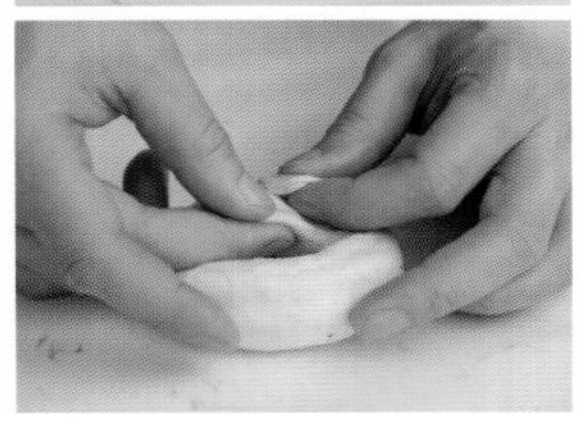
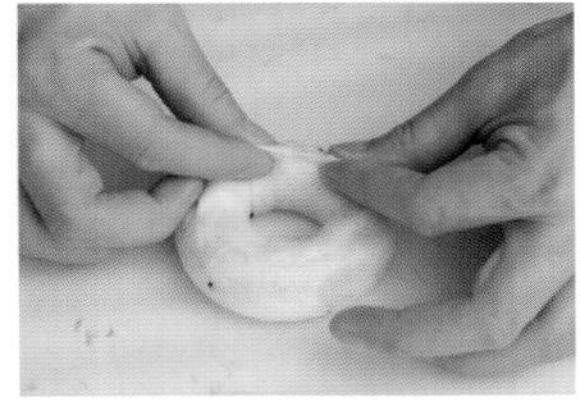

将一侧面团以指腹轻压摊开，面团呈现圆圈造型，将摊开面团覆盖另一侧表面，完全包覆捏合。

发酵

整形好的面团放入烤盘，共完成20个，于30℃发酵20分钟。

6 汆烫

保持水持续微沸，贝果正反面各汆烫30秒，捞起后沥干，排入烤盘。

7 烤制

放入烤箱，用上火220℃、下火180℃，烤制约15分钟，出炉后放凉。

烟熏奶酪贝果

Quantity 分量 | 20 个

材料 INGREDIENTS

冷藏法	百分比（%）	重量（克）
A 法国面粉	70	581
高筋面粉	30	249
细砂糖	5	42
海盐	1.2	10
低糖酵母	0.5	4
水	65	540
法国老面（P. 119）	30	249
B 发酵奶油	4	33
新鲜欧芹	2	17
C 荷兰烟熏奶酪丝（＊）	16	133
合计	223.7%	1858 克

其他材料 OTHERS

汆烫水（P. 33）

（＊）荷兰烟熏奶酪丝

请勿于面团未搅拌完成时即放入奶酪丝，因为搅拌时间越长，则摩擦力也越大，如此容易导致奶酪的外观被破坏或完全渗透与面团融为一体。面团与奶酪之间会丧失层次感及风味，因此无法明显呈现风味与视觉体验。

基本工序 PROCESS

冷藏法搅拌制程

材料A低速搅拌成团，中速搅拌至面团稍平整，加入材料B，搅拌至8分筋力（裂口切面呈微锯齿状）。
面团切块，分批放入搅拌缸，与材料C搅拌均匀，终温26℃。

一次发酵

28℃发酵40分钟。

分割

90克，折叠收圆。

醒发

3℃冷藏10～12小时。

整形

待面团解冻，表面按压时会呈现弹性即可整形。
面团擀开后，卷起收合形成长条状，头尾结合呈圆圈造型。

二次发酵

30℃发酵约20分钟。

汆烫

保持水持续微沸，贝果正反面各汆烫30秒，沥干后排入烤盘。

烤制

上火220℃、下火180℃烤制约15分钟。

做法 STEP BY STEP

1 冷藏法搅拌制程

材料A放入搅拌缸，以低速搅拌成团，转中速搅拌至面团表面稍平整，再加入材料B搅拌至8分筋力（薄膜呈雾面，裂口切面呈微锯齿状），材料C放入搅拌缸，面团分批放入，搅拌均匀即可，面团终温26℃。

2 一次发酵

面团于28℃发酵40分钟。

3 分割、低温冷藏发酵

发酵好的面团分割成每个90克，共20个，分别折叠后收圆。将分割好的面团密封好，于3℃冷藏10～12小时。

4 解冻、整形、二次发酵

解冻、卷成长圆柱

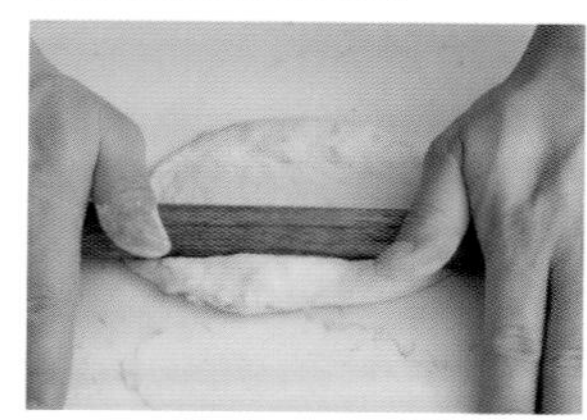

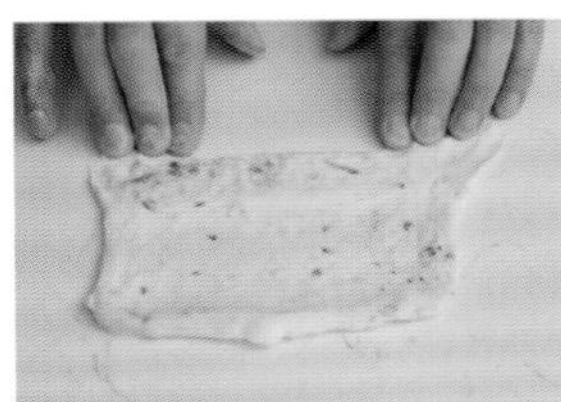
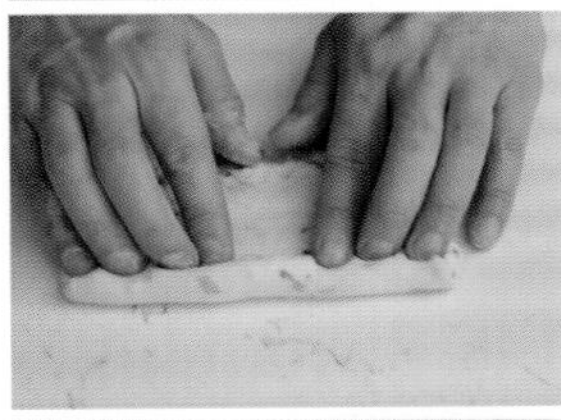
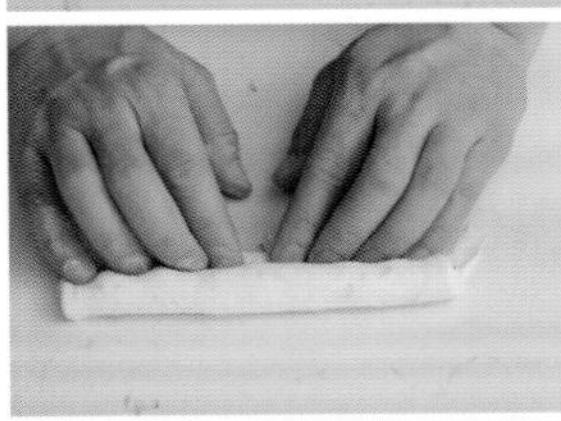
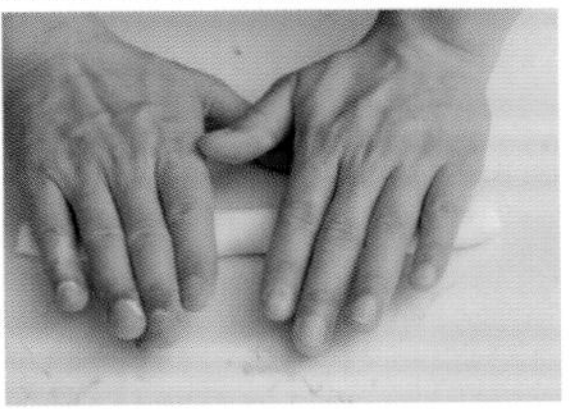

待面团解冻，可以用指腹按压面团判断，按压时面团表面呈现弹性，即可进行整形。轻拍面团排出气体后，从中间朝上下擀成厚薄一致的椭圆形，拉成正方形后，底部压薄捏合，卷起成长圆柱。

圆圈造型

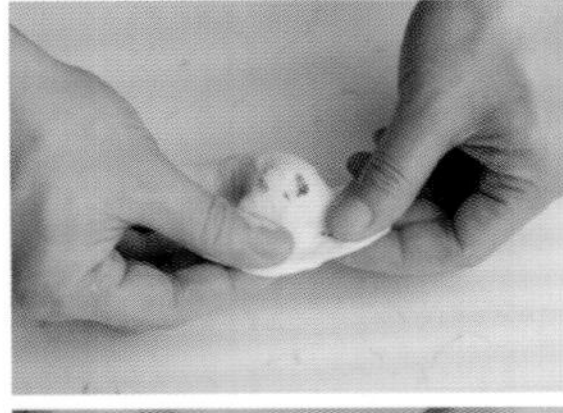
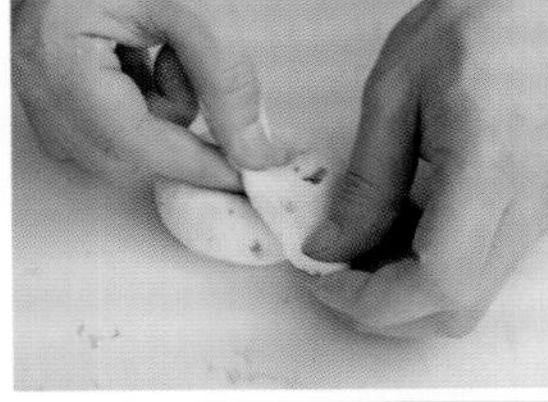

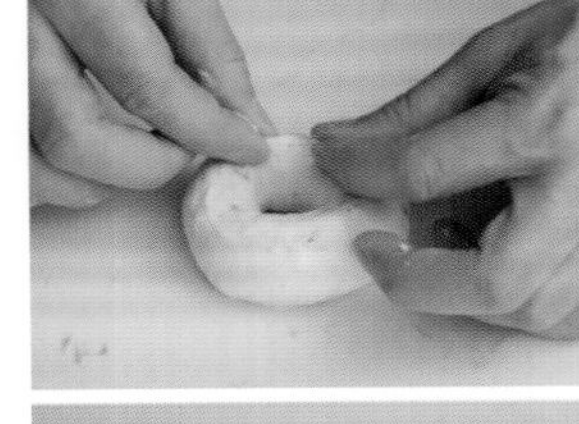

将一侧面团以指腹轻压摊开，面团呈现圆圈造型，将摊开面团覆盖另一侧表面，完全包覆捏合。

发酵

整形好的面团放入烤盘，共完成20个，于30℃发酵20分钟。

5 氽烫

保持水持续微沸，贝果正反面各氽烫30秒，捞起后沥干，排入烤盘。

6 烤制

放入烤箱，用上火220℃、下火180℃，烤制约15分钟，出炉后放凉。

蓝莓贝果

Quantity 分量｜20个

材料 INGREDIENTS

冷藏中种	百分比（%）	重量（克）
A 高筋面粉	30	246
细砂糖	3	25
海盐	0.1	1
低糖酵母	0.2	2
牛奶	25	205
主面团	**百分比（%）**	**重量（克）**
B 高筋面粉	70	574
细砂糖	6	49
海盐	1.2	10
低糖酵母	0.6	5
冷冻蓝莓	15	123
牛奶	28	230
无糖酸奶	15	123
C 发酵奶油	6	49
合计	200.1%	1642 克

其他材料 OTHERS

酒渍蓝莓干（*）、汆烫水（P.33）

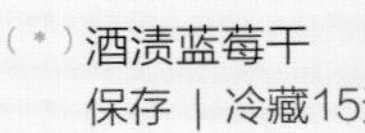

▶材料

蓝莓干…500克 | 杜松子琴酒…200克

▶做法

蓝莓干先以热水汆烫后沥干，再加入酒用小火慢炒至收汁，冷藏一夜即可使用。

基本工序 PROCESS

▼冷藏中种制作

材料A搅拌至面团表面微光滑，建议种温24℃，28℃发酵60分钟，再于5℃冷藏12～16小时。

▼搅拌制程

材料B与发酵种低速搅拌成团，中速搅拌至面团表面微光滑，加入材料C，搅拌至8分筋力（裂口切面呈现微微锯齿状），终温26℃。

▼一次发酵

28℃发酵40分钟。

▼分割

80克，折叠收圆。

▼醒发

28℃发酵20分钟。

▼整形

面团擀开后，铺上12克酒渍蓝莓干，卷起收合形成长条状，头尾结合呈圆圈造型。

▼二次发酵

30℃发酵约20分钟。

▼汆烫

保持水持续微沸，贝果正反面各汆烫30秒，沥干后排入烤盘。

▼烤制

上火220℃、下火180℃烤制约14分钟。

做法 STEP BY STEP

1 冷藏中种制作

材料A搅拌至面团表面微光滑（建议发酵种温度24℃），放入密封容器，于28℃发酵60分钟，再于5℃冷藏12～16小时。

2 搅拌制程

材料B与发酵种放入搅拌缸，以低速搅拌成团，转中速搅拌至面团表面稍平整，再加入材料C搅拌至8分筋力（薄膜呈雾面，裂口切面呈微锯齿状），面团终温26℃。

3 一次发酵

面团于28℃发酵40分钟。

4 分割、醒发

发酵好的面团分割成每个80克，共20个，分别折叠后收圆。将分割好的面团于28℃发酵20分钟。

5 整形、二次发酵

卷成长圆柱

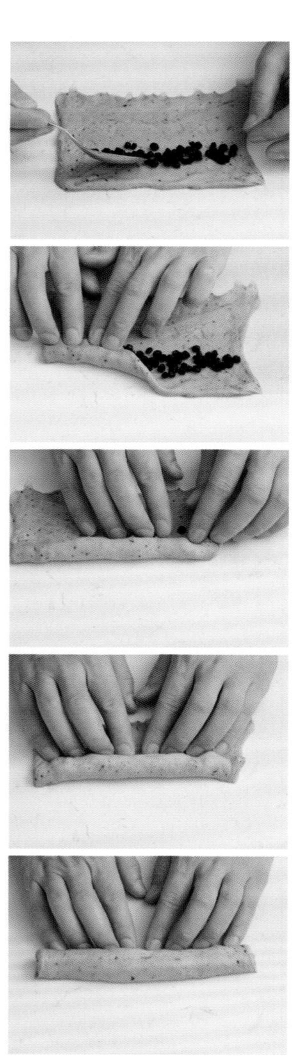

轻拍面团排出气体后，从中间朝上下擀成厚薄一致的椭圆形，拉成正方形后，底部压薄捏合，铺上12克酒渍蓝莓干，卷起成长圆柱。

圆圈造型

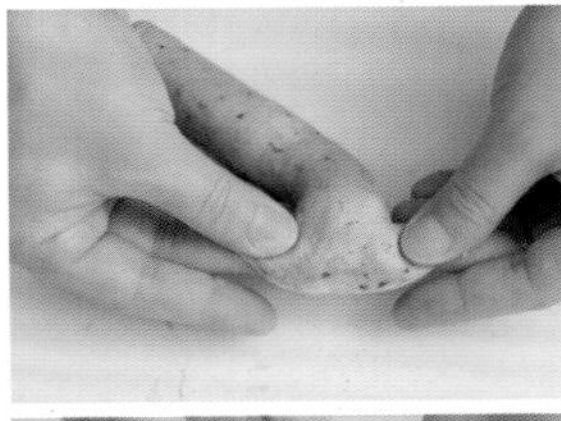

将一侧面团以指腹轻压摊开，面团呈圆圈造型，将摊开面团覆盖另一侧表面，完全包覆捏合。

发酵

整形好的面团放入烤盘，共完成20个，于30℃发酵20分钟。

6 氽烫

保持水持续微沸，贝果正反面各氽烫30秒，捞起后沥干，排入烤盘。

7 烤制

放入烤箱，用上火220℃、下火180℃，烤制约14分钟，出炉后放凉。

乌龙提子贝果

Quantity 分量 | 20 个

乌龙茶

材料	百分比（%）	重量（克）
乌龙茶叶	2	18
80℃水	66	588

▸做法

茶叶先打成粉末状，倒入已加热至80℃的水中浸泡，待冷却即可和发酵种搅拌，剩余的部分冷藏一夜，后续加入主面团中。

- 勿将浸泡好的茶叶过滤，它是可食用的食材，将其呈现于面团中，可提升视觉与味蕾的丰富层次。
- 80℃的水与乌龙茶叶末融合，茶香释放，促进面团的茶香气味，也可将茶叶中的微量碱破坏，杀青以降低食材中对面团的伤害。

材料 INGREDIENTS

茶酿液种	百分比（%）	重量（克）
A 法国面粉	30	267
海盐	0.1	1
低糖酵母	0.2	2
乌龙茶（*）	33	294
主面团	**百分比（%）**	**重量（克）**
B 高筋面粉	70	623
细砂糖	8	71
海盐	1.5	13
低糖酵母	0.6	5
乌龙茶（*）	35	312
C 发酵奶油	5	45
合计	183.4%	1633 克

其他材料 OTHERS

乌龙提子干（**）、汆烫水（P. 33）

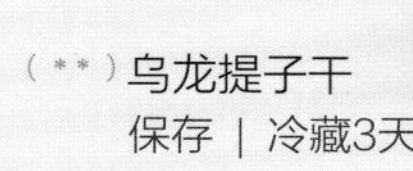

（**）乌龙提子干

保存 | 冷藏3天

▶材料

乌龙茶叶末…6克
80℃水…200克
青提子干…360克
海藻糖…50克

▶做法

青提子干先以热水汆烫后沥干，再与乌龙茶叶、80℃水及海藻糖拌匀并浸泡，冷却后冷藏一夜即可使用。

- 茶叶易有发酵状况，不宜大量制作保存。

基本工序 PROCESS

茶酿液种制作

材料A拌匀，建议种温26℃，28℃发酵60分钟，再于5℃冷藏12～16小时。

搅拌制程

材料B与发酵种低速搅拌成团，中速搅拌至面团表面微光滑，加入材料C，搅拌至8分筋力（裂口切面呈微锯齿状），终温26℃。

一次发酵

28℃发酵40分钟。

分割

80克，折叠收圆。

醒发

28℃发酵25分钟。

整形

面团擀开后，铺上15克乌龙提子干，卷起收合形成长条状，头尾结合呈圆圈造型。

二次发酵

30℃发酵约20分钟。

汆烫

保持水持续微沸，贝果正反面各汆烫30秒，沥干后排入烤盘。

烤制

上火220℃、下火180℃烤制约15分钟。

做法 STEP BY STEP

1 茶酿液种制作

材料A搅拌均匀（建议发酵种温度26℃），放入密封容器，于28℃发酵60分钟，再于5℃冷藏12~16小时。

2 搅拌制程

材料B与发酵种放入搅拌缸，以低速搅拌成团，转中速搅拌至面团表面稍平整，再加入材料C搅拌至8分筋力（薄膜呈雾面，裂口切面呈微锯齿状），面团终温26℃。

3 一次发酵

面团于28℃发酵40分钟。

4 分割、醒发

发酵好的面团分割成每个80克，共20个，分别折叠后收圆。将分割好的面团于28℃发酵25分钟。

5 整形、二次发酵

卷成长圆柱

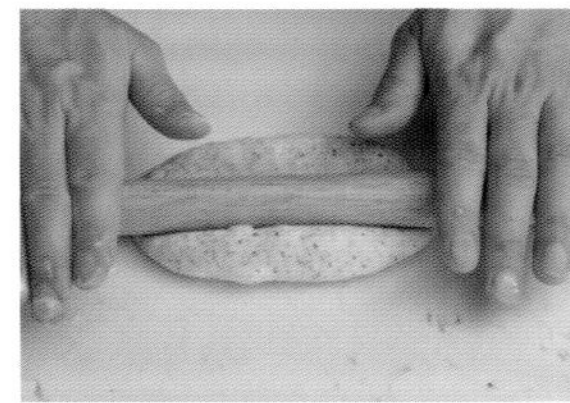

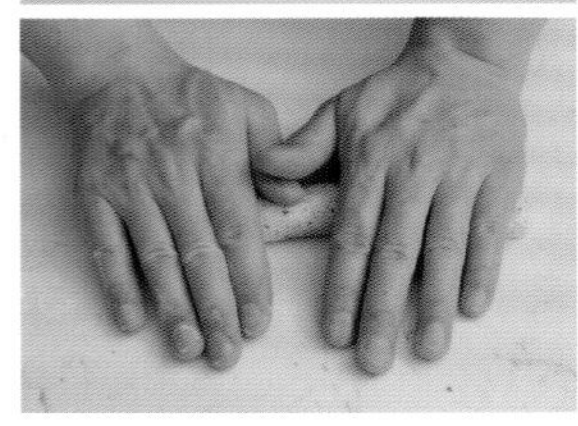

轻拍面团排出气体后，从中间朝上下擀成厚薄一致的椭圆形，拉成正方形后，底部压薄捏合，铺上15克乌龙提子干，卷起成长圆柱。

圆圈造型

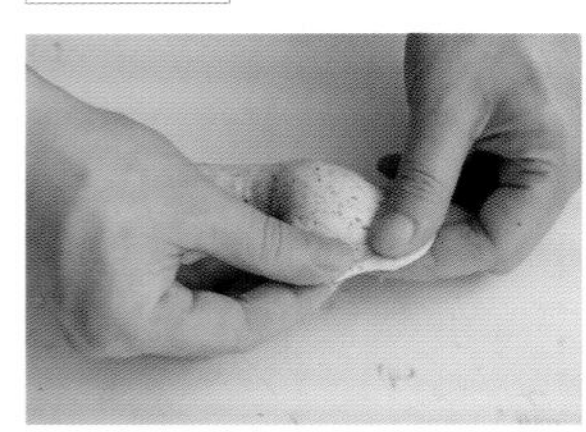

将一侧面团以指腹轻压摊开，面团呈现圆圈造型，将摊开面团覆盖另一侧表面，完全包覆捏合。

发酵

整形好的面团放入烤盘，共完成20个，于30℃发酵20分钟。

6 汆烫

保持水持续微沸，贝果正反面各汆烫30秒，捞起后沥干，排入烤盘。

7 烤制

放入烤箱，用上火220℃、下火180℃，烤制约15分钟，出炉后放凉。

草莓贝果

Quantity 分量 | 20个

（*）红心火龙果

富含花青素，不仅可将其天然色素融入面团又充满营养，与草莓一起搭配，更能凸显视觉效果。

材料 INGREDIENTS

冷藏中种	百分比（%）	重量（克）
A 法国面粉	50	450
海盐	0.1	1
低糖酵母	0.2	2
水	33	297

主面团	百分比（%）	重量（克）
B 高筋面粉	50	450
细砂糖	5	45
海盐	1.3	12
低糖酵母	0.6	5
水	5	45
火龙果汁（*）	30	270
炼乳	3	27
C 发酵奶油	5	45
合计	183.2%	1649 克

其他材料 OTHERS

切碎的草莓果干（**）、汆烫水（P.33）

（**）草莓果干

属于不耐加工处理的果干之一，用一般泡酒方式易使草莓干软烂，此配方只简单将果干切碎后包入面团中，借由烤制受热时的传导，草莓干会吸收面团中的水分，使草莓干水分还原，吃起来像是包入新鲜草莓一样。

基本工序 PROCESS

冷藏中种制作

材料A搅拌至面团表面微光滑，建议种温24℃，28℃发酵60分钟，再于5℃冷藏12～16小时。

搅拌制程

材料B与发酵种低速搅拌成团，中速搅拌至面团表面微光滑，加入材料C，搅拌至8分筋力（裂口切面呈微锯齿状），终温26℃。

一次发酵

28℃发酵40分钟。

分割

80克，折叠收圆。

醒发

28℃发酵20分钟。

整形

面团擀开后，铺上12克切碎的草莓果干，卷起收合形成长条状，头尾结合呈圆圈造型。

二次发酵

30℃发酵约25分钟。

汆烫

保持水持续微沸，贝果正反面各汆烫30秒钟，沥干后排入烤盘。

烤制

上火220℃、下火180℃烤制约15分钟。

做法 STEP BY STEP

1 冷藏中种制作

材料A搅拌至面团表面微光滑（建议发酵种温度24℃），放入密封容器，于28℃发酵60分钟，再于5℃冷藏12～16小时。

2 搅拌制程

材料B与发酵种放入搅拌缸，以低速搅拌成团，转中速搅拌至面团表面稍平整，再加入材料C搅拌至8分筋力（薄膜呈雾面，裂口切面呈微锯齿状），面团终温26℃。

3 一次发酵

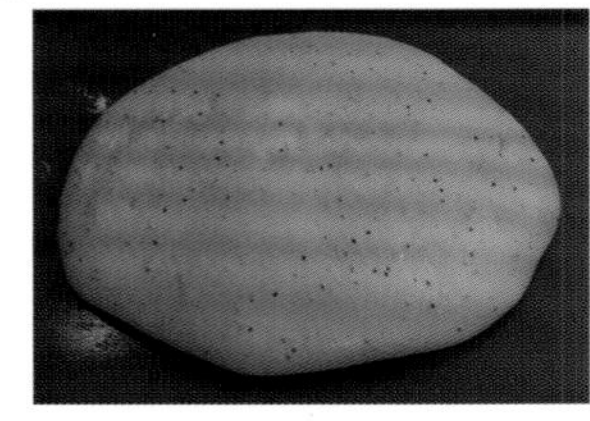

面团于28℃发酵40分钟。

4 分割、醒发

发酵好的面团分割成每个80克，共20个，分别折叠后收圆。将分割好的面团于28℃发酵20分钟。

5 整形、二次发酵

卷成长圆柱

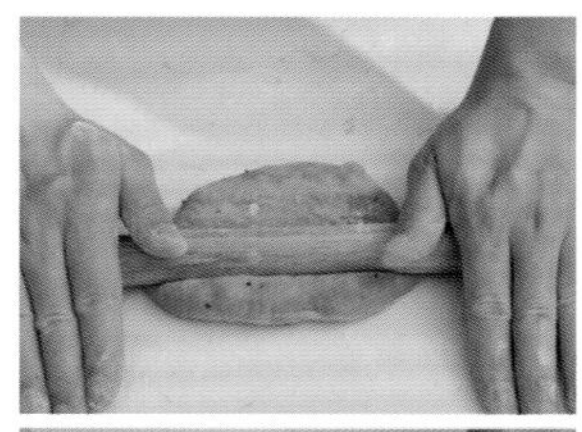

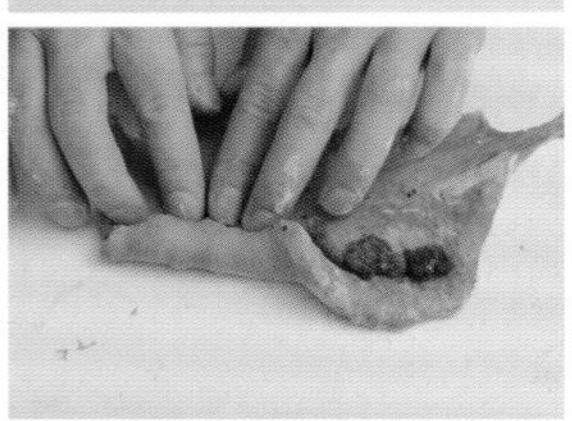

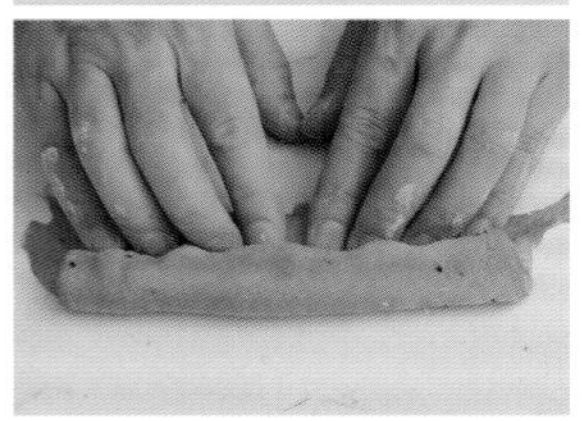

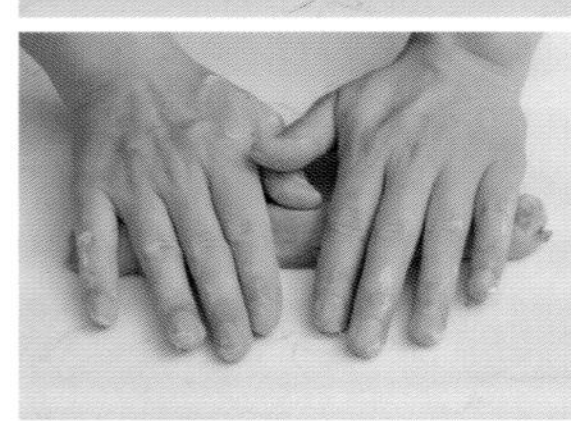

轻拍面团排出气体后，从中间朝上下擀成厚薄一致的椭圆形，拉成正方形后，底部压薄捏合，铺上12克切碎的草莓果干，卷起成长圆柱。

圆圈造型

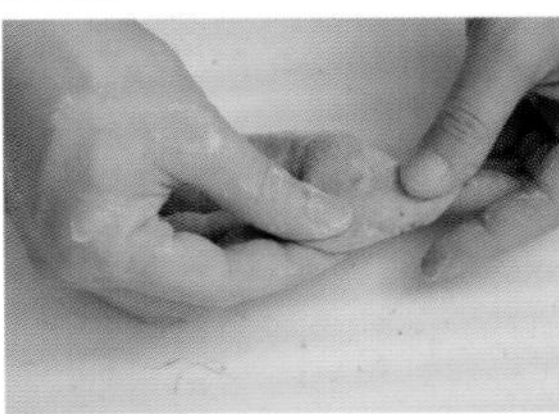

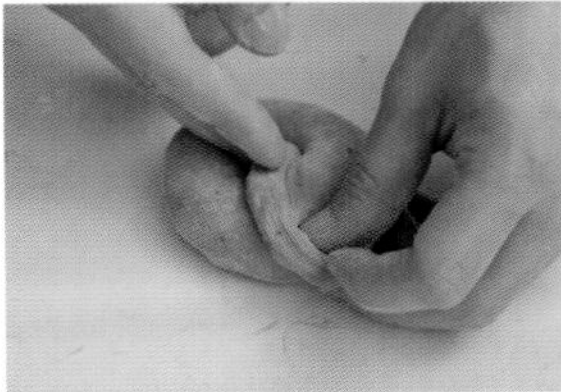

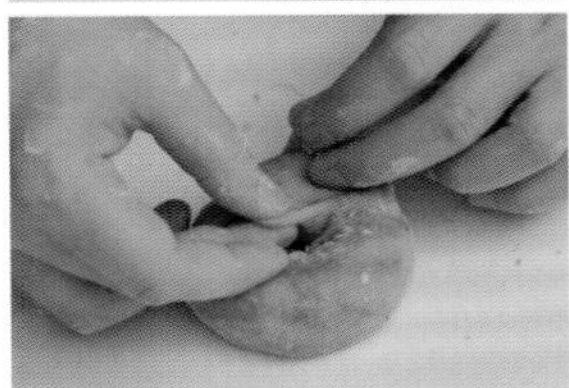

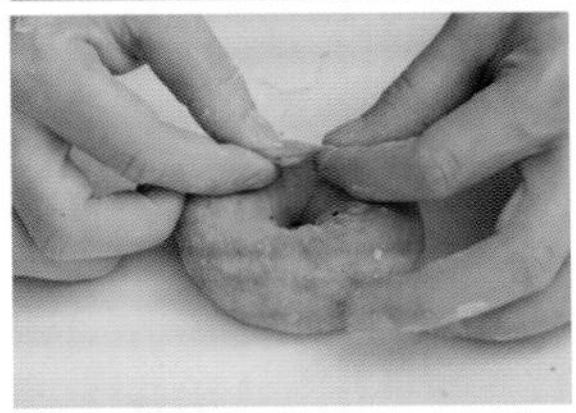

将一侧面团以指腹轻压摊开，面团呈现圆圈造型，将摊开面团覆盖另一侧表面，完全包覆捏合。

发酵

整形好的面团放入烤盘，共完成20个，于30℃发酵25分钟。

6 汆烫

保持水持续微沸，贝果正反面各汆烫30秒，捞起后沥干，排入烤盘。

7 烤制

放入烤箱，用上火220℃、下火180℃，烤制约15分钟，出炉后放凉。

玫瑰蜜桃贝果

Quantity 分量 | 20 个

(＊) 玫瑰花茶

材料	百分比（%）	重量（克）
新鲜玫瑰花瓣	2	18
80℃水	66	601

►做法

玫瑰花瓣泡入80℃水，冷却后拌入酵种，剩余的部分冷藏一夜，后续加入主面团中。

- 若没有新鲜玫瑰，可换成干燥品，同比例替换即可。

材料 INGREDIENTS

玫瑰液种	百分比（%）	重量（克）
A 法国面粉	20	182
裸麦粉	10	91
海盐	0.1	1
低糖酵母	0.2	2
玫瑰花茶（*）	33	300
主面团	**百分比（%）**	**重量（克）**
B 法国面粉	50	455
高筋面粉	20	182
细砂糖	5	46
海盐	1.2	11
低糖酵母	0.6	5
玫瑰花茶（*）	35	319
C 发酵奶油	4	36
合计	179.1%	1630 克

其他材料 OTHERS

玫瑰蜜桃干（**）、氽烫水（P. 33）

基本工序 PROCESS

玫瑰液种制作

材料A拌匀，建议种温26℃，28℃发酵60分钟，再于5℃冷藏12～16小时。

搅拌制程

材料B与发酵种低速搅拌成团，中速搅拌至面团表面微光滑，加入材料C，搅拌至8分筋力（裂口切面呈微锯齿状），终温26℃。

一次发酵

28℃发酵40分钟。

分割

80克，折叠收圆。

醒发

28℃发酵25分钟。

整形

面团擀开后，铺上12克玫瑰蜜桃干，卷起收合形成长条状，头尾结合呈圆圈造型。

二次发酵

30℃发酵约20分钟。

氽烫

保持水持续微沸，贝果正反面各氽烫30秒，沥干后排入烤盘。

烤制

上火220℃、下火180℃烤制约15分钟。

（**）玫瑰蜜桃干
保存 | 冷藏15天

▶材料

A 水蜜桃干…500克
橙酒…180克
B 海藻糖…60克
新鲜玫瑰花瓣…5克

▶做法

水蜜桃干剪碎，先以热水氽烫后沥干，再与橙酒一起小火慢炒至收汁，接着放入材料B拌匀，冷却后冷藏一夜即可使用。

- 最后加入海藻糖可将甜度拉高，有利于凸显气味，再拌入玫瑰花瓣使风味更融合，引出迷人高雅清新的风味。
- 水蜜桃干属于较温和的气味，若过度调味，反而丧失特色。

做法 STEP BY STEP

1 玫瑰液种制作

材料A搅拌均匀（建议发酵种温度26℃），放入密封容器，于28℃发酵60分钟，再于5℃冷藏12~16小时。

2 搅拌制程

材料B与发酵种放入搅拌缸，以低速搅拌成团，转中速搅拌至面团表面稍平整，再加入材料C搅拌至8分筋力（薄膜呈雾面，裂口切面呈微锯齿状），面团终温26℃。

3 一次发酵

面团于28℃发酵40分钟。

4 分割、醒发

发酵好的面团分割成每个80克，共20个，分别折叠后收圆。将分割好的面团于28℃发酵25分钟。

5 整形、二次发酵

卷成长圆柱

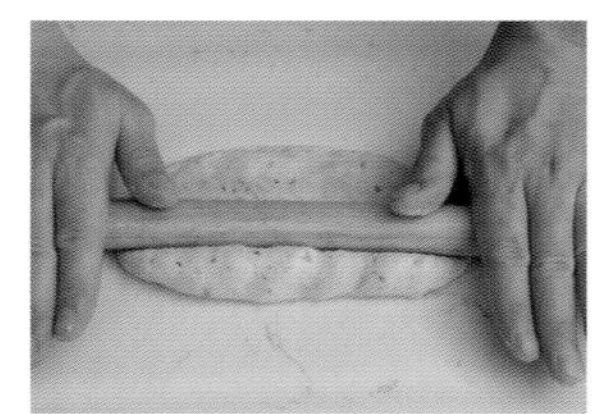

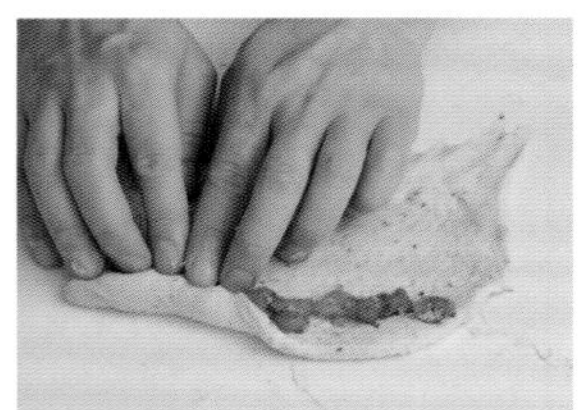

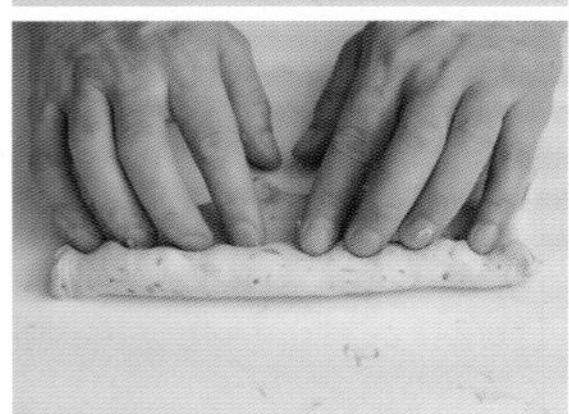

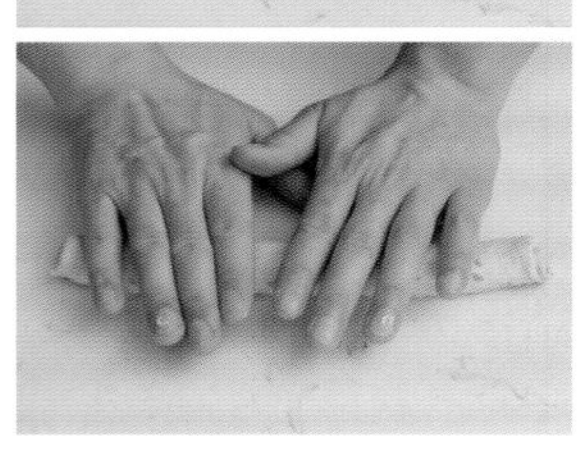

轻拍面团排出气体后，从中间朝上下擀成厚薄一致的椭圆形，拉成正方形后，底部压薄捏合，铺上12克玫瑰蜜桃干，卷起成长圆柱。

圆圈造型

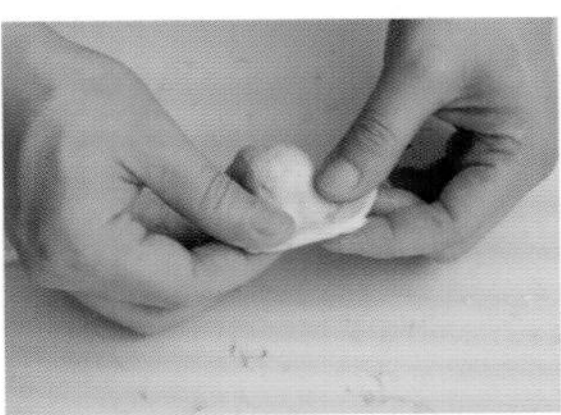

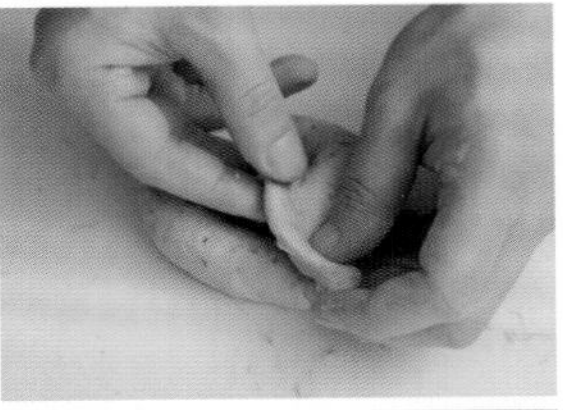

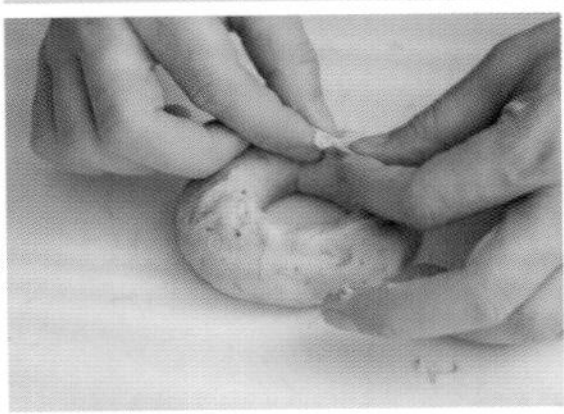

将一侧面团以指腹轻压摊开，面团呈现圆圈造型，将摊开面团覆盖另一侧表面，完全包覆捏合。

发酵

整形好的面团放入烤盘，共完成20个，于30℃发酵20分钟。

6 氽烫

保持水持续微沸，贝果正反面各氽烫30秒，捞起后沥干，排入烤盘。

7 烤制

放入烤箱，用上火220℃、下火180℃，烤制约15分钟，出炉后放凉。

鳀鱼青酱辣椒奶酪贝果

Quantity 分量 | 20个

(*) 鳀鱼青酱

材料	百分比（%）	重量（克）
橄榄油	3	27
罗勒	7	63
帕达诺奶酪	2	18
鳀鱼	5	45

▶做法

所有材料放入调理机，打碎拌匀。

- 鳀鱼罐头含固形物70%、鱼油30%，鳀鱼本身有鱼腥味，但与面团融合后气味会变得温和迷人。鳀鱼除了固形物外，鱼油也是最主要的风味来源。

材料 INGREDIENTS

冷藏液种	百分比（%）	重量（克）
A 法国面粉	30	270
海盐	0.1	1
低糖酵母	0.2	2
水	30	270

主面团	百分比（%）	重量（克）
B 高筋面粉	70	630
细砂糖	4	36
海盐	1	9
低糖酵母	0.6	5
水	30	270
鳀鱼青酱（*）	17	153
合计	182.9%	1646 克

其他材料 OTHERS

墨西哥辣椒奶酪（**）、汆烫水（P. 33）

（**）墨西哥辣椒奶酪

微辣、咸香的墨西哥辣椒奶酪，非常适合拌入面包面团中，增添香气。

基本工序 PROCESS

▼冷藏液种制作

材料A拌匀，建议种温26℃，28℃发酵60分钟，再于5℃冷藏12~16小时。

▼搅拌制程

材料B与发酵种低速搅拌成团，中速搅拌至8分筋力（裂口切面呈微锯齿状），终温26℃。

▼一次发酵

28℃发酵40分钟。

▼分割

80克，折叠收圆。

▼醒发

28℃发酵25分钟。

▼整形

面团擀开后，铺上10克墨西哥辣椒奶酪，卷起收合形成长条状，头尾结合呈圆圈造型。

▼二次发酵

30℃发酵约20分钟。

▼汆烫

保持水持续微沸，贝果正反面各汆烫30秒，沥干后排入烤盘。

▼烤制

上火220℃、下火180℃烤制约15分钟。

做法 STEP BY STEP

1 冷藏液种制作

材料A搅拌均匀（建议发酵种温度26℃），放入密封容器，于28℃发酵60分钟，再于5℃冷藏12~16小时。

2 搅拌制程

材料B与发酵种放入搅拌缸，以低速搅拌成团，转中速搅拌至8分筋力（薄膜呈现雾面，裂口切面呈微锯齿状），面团终温26℃。

3 一次发酵

面团于28℃发酵40分钟。

4 分割、醒发

发酵好的面团分割成每个80克，共20个，分别折叠后收圆。将分割好的面团于28℃发酵25分钟。

5 整形、二次发酵

卷成长圆柱

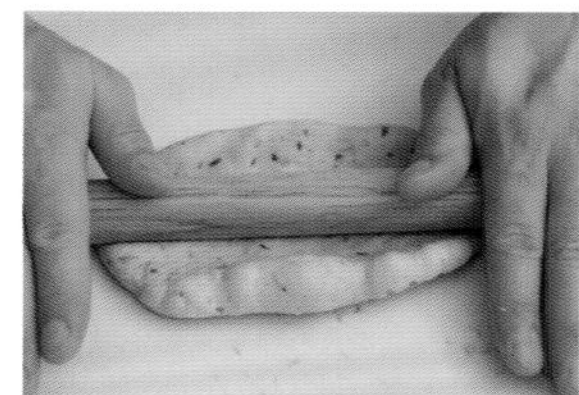

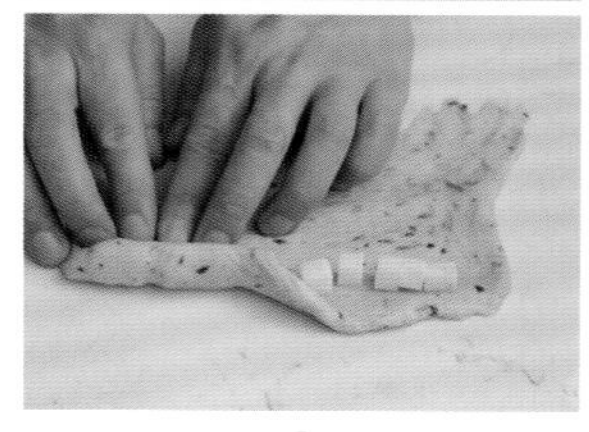

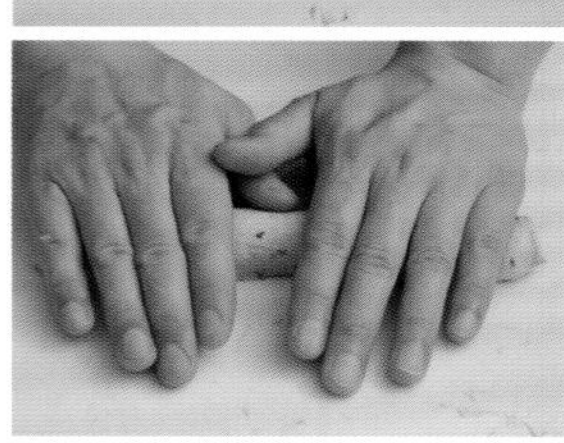

轻拍面团排出气体后，从中间朝上下擀成厚薄一致的椭圆形，拉成正方形后，底部压薄捏合，铺上10克墨西哥辣椒奶酪，卷起成长圆柱。

圆圈造型

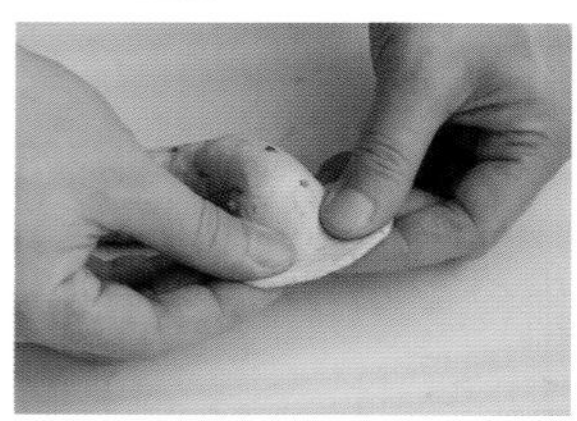

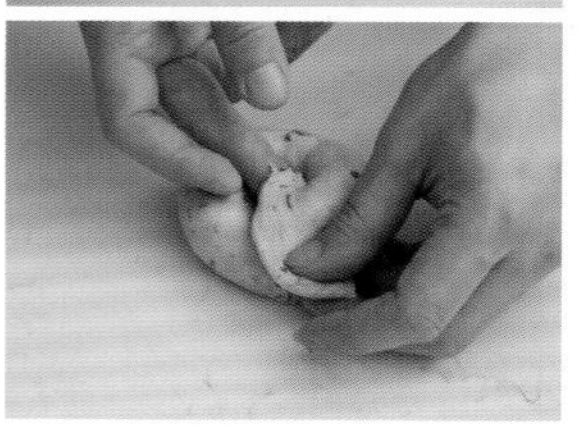

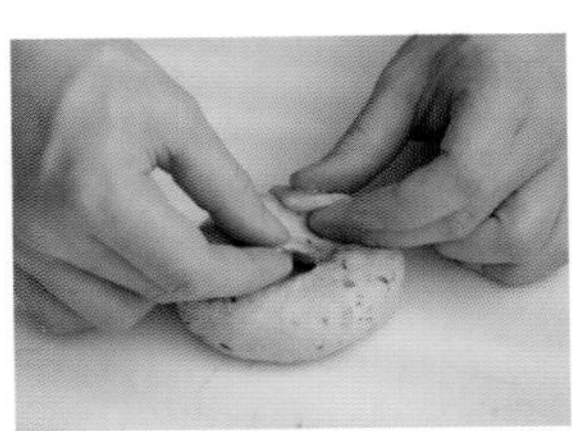

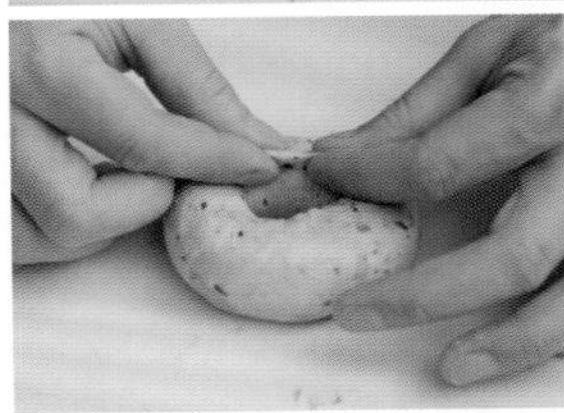

将一侧面团以指腹轻压摊开，面团呈圆圈造型，将摊开面团覆盖另一侧表面，完全包覆捏合。

发酵

整形好的面团放入烤盘，共完成20个，于30℃发酵20分钟。

6 汆烫

保持水持续微沸，贝果正反面各汆烫30秒，捞起后沥干，排入烤盘。

7 烤制

放入烤箱，用上火220℃、下火180℃，烤制约15分钟，出炉后放凉。

紫薯牛奶贝果

Quantity 分量 | 20个

(*) 紫薯牛奶

材料	百分比（%）	重量（克）
紫薯粉	8	56
80℃牛奶	84	588

►做法

所有材料拌匀，冷却。

- 紫薯粉在牛奶中可充分溶解，也借由牛奶加热的温度，使紫薯粉的风味散发出来。

材料 INGREDIENTS

冷藏法	百分比（%）	重量（克）
A 高筋面粉	100	700
细砂糖	7	49
海盐	1.5	11
低糖酵母	0.5	4
紫薯牛奶（*）	92	644
法国老面（P. 119）	30	210
B 发酵奶油	6	42
合计	237.0%	1660 克

其他材料 OTHERS

红薯丁（**）、汆烫水（P. 33）

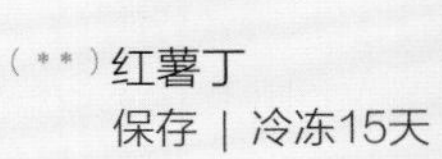

（**）红薯丁

保存 | 冷冻15天

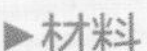

▶材料

A 水…1000克
赤砂糖…100克

B 红薯丁…500克
蜂蜜…80克

▶做法

材料A加热煮沸，放入红薯丁汆烫，保持水持续微沸约8分钟至红薯心已熟透，外表仍完整并带有咀嚼的颗粒感。沥干后拌入蜂蜜，以上下火150℃烤制约8分钟，冷却后可依照食谱使用量分装冷冻。

基本工序 PROCESS

冷藏法搅拌制程

材料A低速搅拌成团，中速搅拌至面团稍平整，加入材料B，搅拌至8分筋力（裂口切面呈微锯齿状），终温26℃。

一次发酵

28℃发酵40分钟。

分割

80克，折叠收圆。

醒发

3℃冷藏10～12小时。

整形

待面团解冻，表面按压时会呈现弹性即可整形。
面团擀开后，铺上15克红薯丁，卷起收合形成长条状，头尾结合呈圆圈造型。

二次发酵

30℃发酵约20分钟。

汆烫

保持水持续微沸，贝果正反面各汆烫30秒，沥干后排入烤盘。

烤制

上火220℃、下火180℃烤制约15分钟。

做法 STEP BY STEP

1 冷藏法搅拌制程

材料A放入搅拌缸，以低速搅拌成团，转中速搅拌至面团表面稍平整，再加入材料B搅拌至8分筋力（薄膜呈雾面，裂口切面呈微锯齿状），面团终温26℃。

2 一次发酵

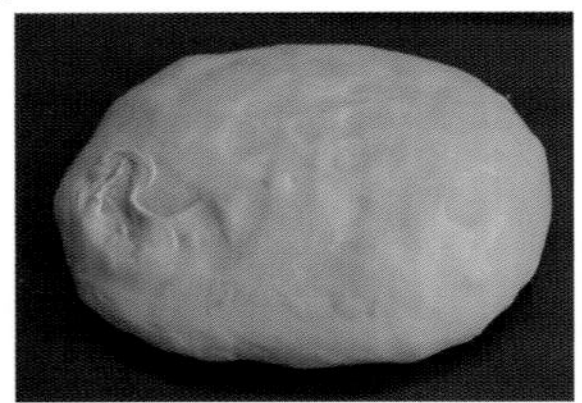

面团于28℃发酵40分钟。

3 分割、低温冷藏发酵

发酵好的面团分割成每个80克，共20个，分别折叠后收圆。将分割好的面团密封，于3℃冷藏10～12小时。

4 解冻、整形、二次发酵

解冻、卷成长圆柱

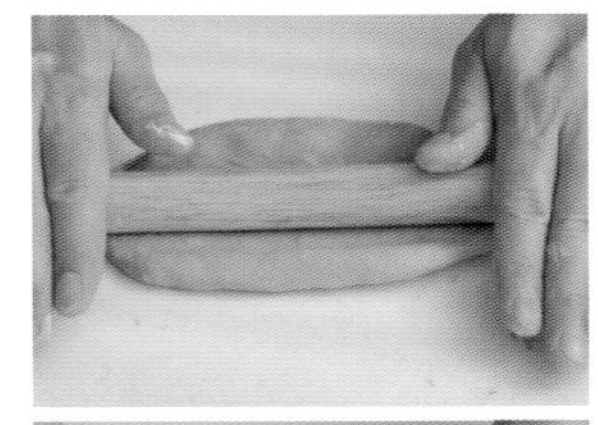

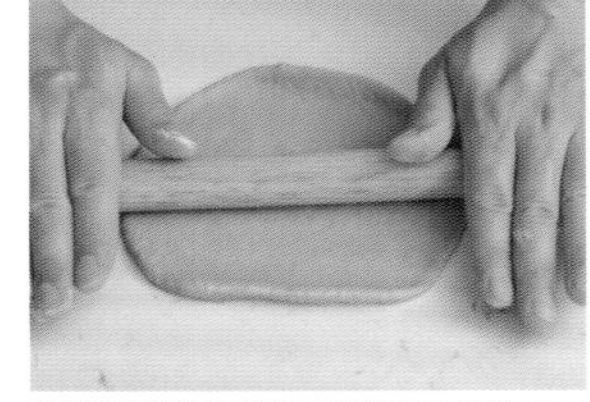

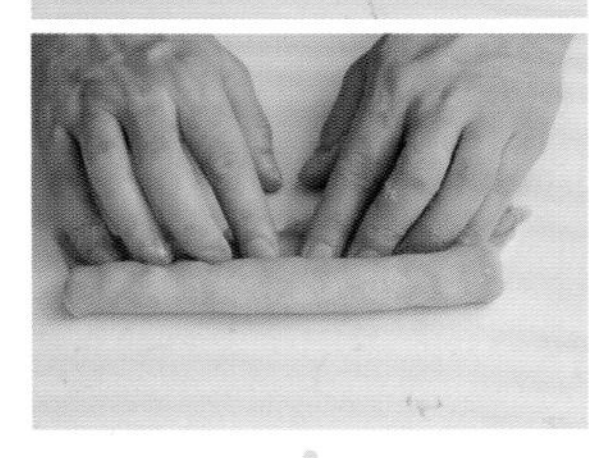

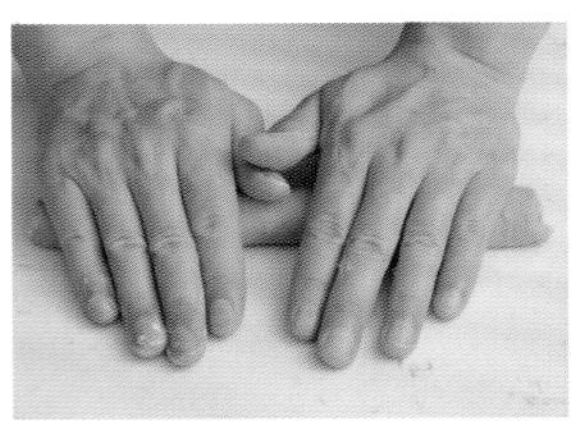

待面团解冻，可以用指腹按压面团判断，按压时面团表面有弹性，即可进行整形。轻拍面团排出气体后，从中间朝上下擀成厚薄一致的椭圆形，拉成正方形后，底部压薄捏合，铺上15克红薯丁，卷起成长圆柱。

圆圈造型

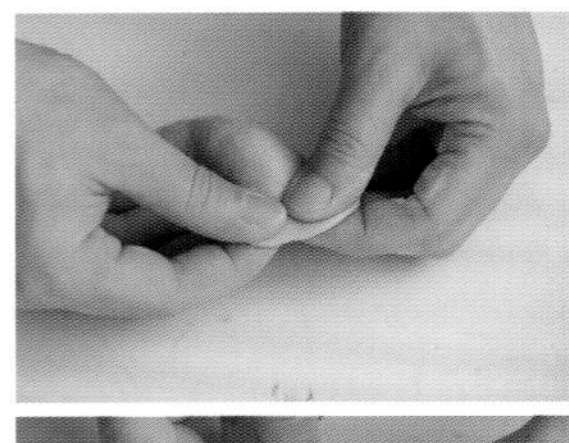

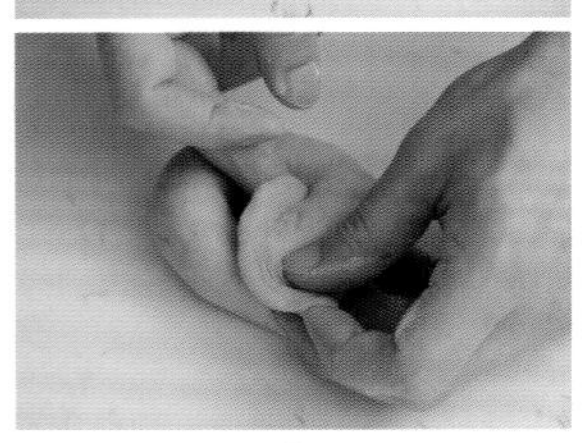

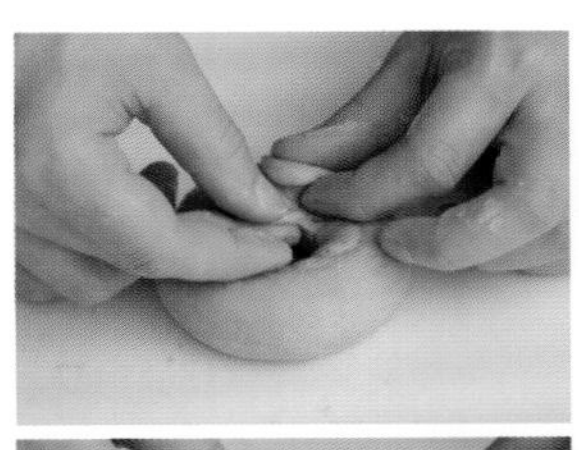

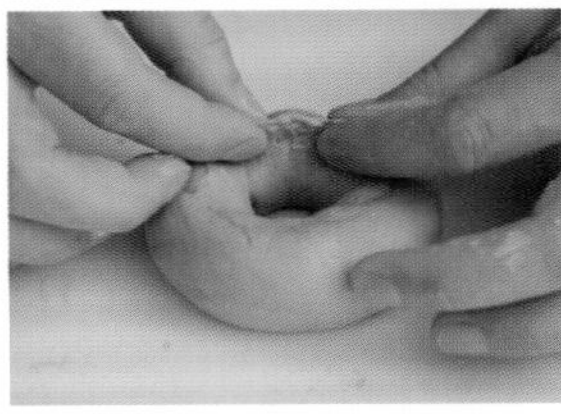

将一侧面团以指腹轻压摊开，面团呈圆圈造型，将摊开面团覆盖另一侧表面，完全包覆捏合。

发酵

整形好的面团放入烤盘，共完成20个，于30℃发酵20分钟。

5 汆烫

保持水持续微沸，贝果正反面各汆烫30秒，捞起后沥干，排入烤盘。

6 烤制

放入烤箱，用上火220℃、下火180℃，烤制约15分钟，出炉后放凉。

剥皮辣椒贝果

Quantity 分量 | 20个

剥皮辣椒

剥皮辣椒过滤时，只须沥掉表面多余水分，勿将辣椒深层水分挤压出来，会因此降低辣椒风味。

材料 INGREDIENTS

冷藏中种	百分比（%）	重量（克）
A 法国面粉	30	249
海盐	0.1	1
低糖酵母	0.2	2
水	20	166
主面团	**百分比（%）**	**重量（克）**
B 高筋面粉	70	581
细砂糖	6	50
海盐	1.5	12
低糖酵母	0.6	5
剥皮辣椒（*）	15	125
浓缩牛奶	35	291
水	15	125
C 发酵奶油	5	42
D 熟培根（**）	12	100
玉米粒	12	100
合计	222.4%	1849 克

其他材料 OTHERS

汆烫水（P. 33）

（**）熟培根

建议培根稍微拌炒，炒至表面微微萎缩。经由加热的过程，将肉的油脂释放出来，加入面团中会展现肉质的油香味；但缺点是，若存放时间过长或保存不适当，则容易造成产品变质而产生油质酸败味。

基本工序 PROCESS

冷藏中种制作

材料A搅拌至面团表面微光滑，建议种温24℃，28℃发酵60分钟，再于5℃冷藏12～16小时。

搅拌制程

材料B与发酵种低速搅拌成团，中速搅拌至面团表面微光滑，加入材料C，搅拌至8分筋力（裂口切面呈微锯齿状）。

面团切块，分批放入搅拌缸，与材料D搅拌均匀，终温26℃。

一次发酵

28℃发酵40分钟。

分割

90克，折叠收圆。

醒发

28℃发酵25分钟。

整形

面团擀开后，卷起收合形成长条状，头尾结合呈圆圈造型。

二次发酵

30℃发酵约20分钟。

汆烫

保持水持续微沸，贝果正反面各汆烫30秒，沥干后排入烤盘。

烤制

上火220℃、下火180℃烤制约15分钟。

做法 STEP BY STEP

1 冷藏中种制作

材料A搅拌至面团表面微光滑（建议发酵种温度24℃），放入密封容器，于28℃发酵60分钟，再于5℃冷藏12～16小时。

2 搅拌制程

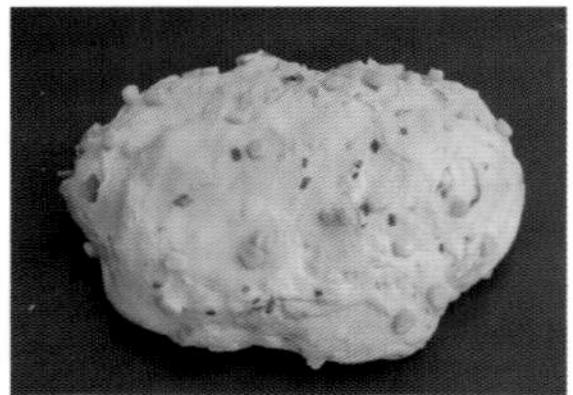

材料B与发酵种放入搅拌缸，以低速搅拌成团，转中速搅拌至面团表面稍平整，再加入材料C搅拌至8分筋力（薄膜呈雾面，裂口切面呈微锯齿状），取出面团后切块。材料D放入搅拌缸，面团分批放入，搅拌均匀即可，面团终温26℃。

3 一次发酵

面团于28℃发酵40分钟。

4 分割、醒发

发酵好的面团分割成每个90克，共20个，分别折叠后收圆。将分割好的面团于28℃发酵20分钟。

5 整形、二次发酵

卷成长圆柱

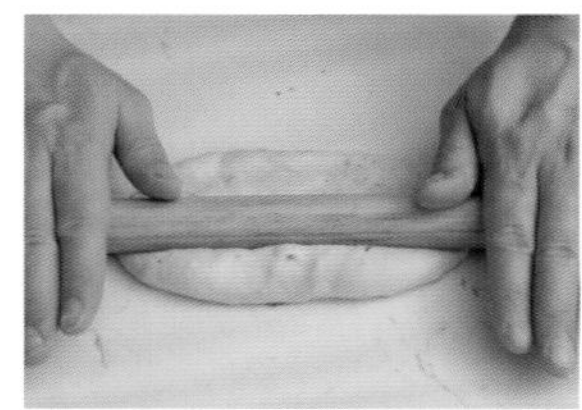

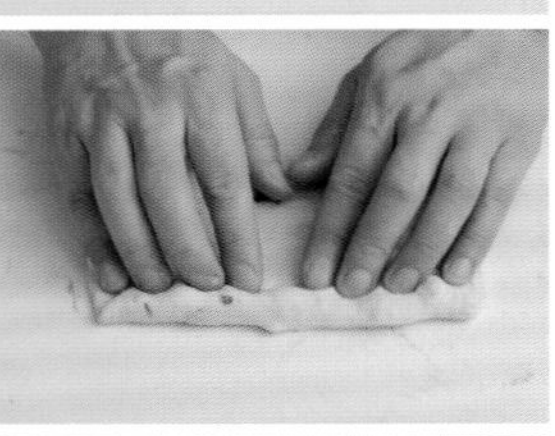

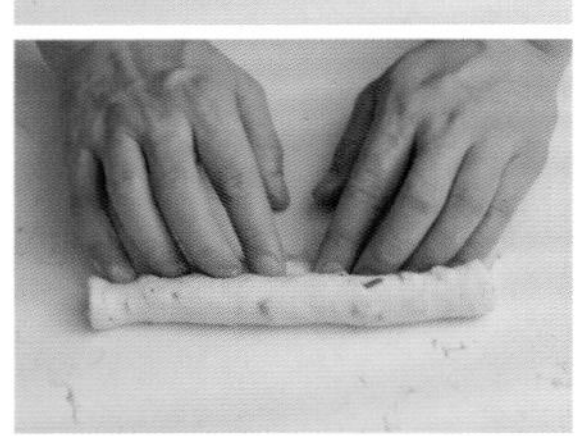

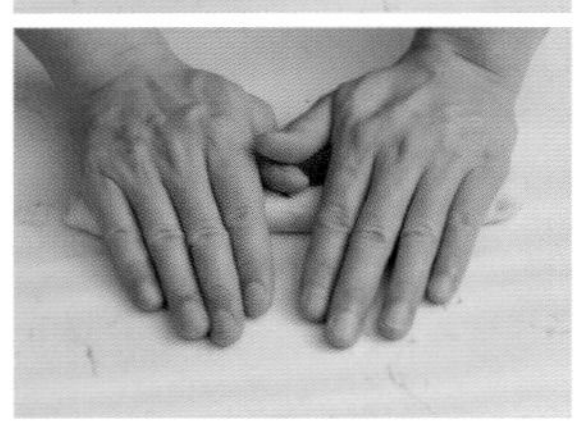

轻拍面团排出气体后，从中间朝上下擀成厚薄一致的椭圆形，拉成正方形后，底部压薄捏合，卷起成长圆柱。

圆圈造型

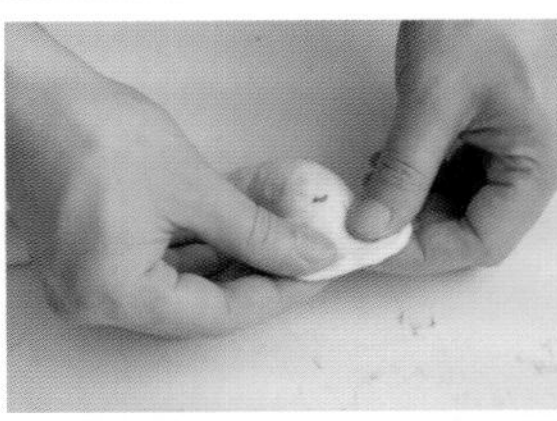

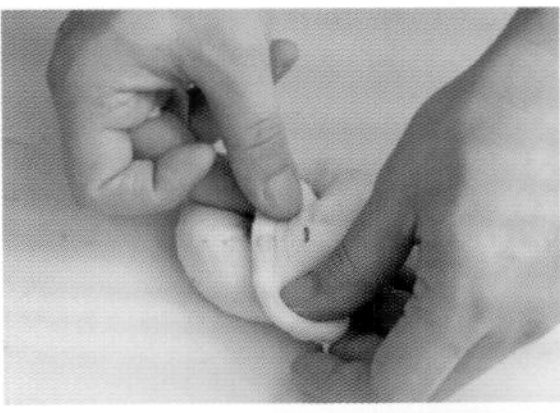

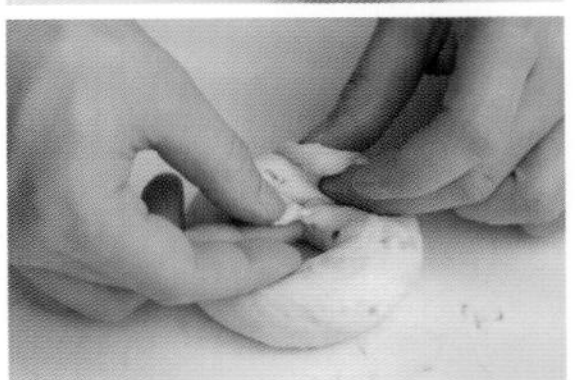

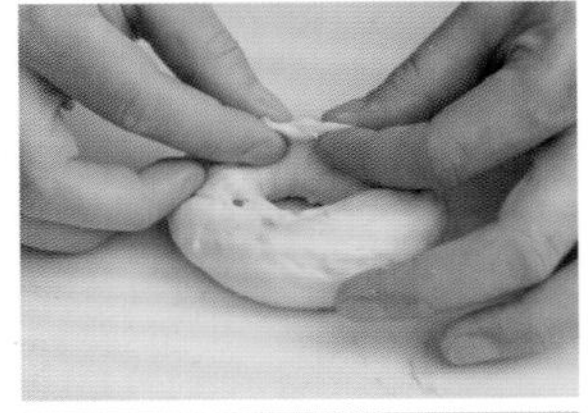

将一侧面团以指腹轻压摊开，面团呈现圆圈造型，将摊开面团覆盖另一侧表面，完全包覆捏合。

发酵

整形好的面团放置烤盘，共完成20个，于30℃发酵20分钟。

6 汆烫

保持水持续微沸，贝果正反面各汆烫30秒，捞起后沥干，排入烤盘。

7 烤制

放入烤箱，用上火220℃、下火180℃，烤制约15分钟，出炉后放凉。

红酒提子贝果

Quantity 分量 | 20 个

材料 INGREDIENTS

葡萄菌种	百分比（%）	重量（克）
A 法国面粉	30	267
海盐	0.1	1
葡萄酵液（P. 19）	16	142
水	16	142

主面团	百分比（%）	重量（克）
B 法国面粉	30	267
高筋面粉	40	356
细砂糖	7	62
海盐	1.2	11
低糖酵母	0.5	4
红酒	36	320
C 发酵奶油	3	27
酒粕（P. 19）	4	36
合计	183.8%	1635 克

其他材料 OTHERS

红酒葡萄干（*）、汆烫水（P. 33）

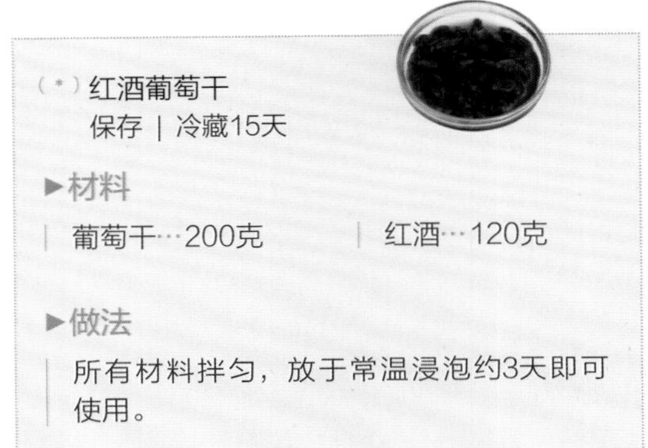

（*）红酒葡萄干
保存 | 冷藏15天

▶材料

| 葡萄干…200克 | 红酒…120克

▶做法

所有材料拌匀，放于常温浸泡约3天即可使用。

基本工序 PROCESS

葡萄菌种制作

材料A拌匀，建议种温26℃，28℃发酵180分钟（1.5倍大），再于5℃冷藏12～16小时。

搅拌制程

材料B与发酵种低速搅拌成团，中速搅拌至面团表面微光滑，加入材料C，搅拌至8分筋力（裂口切面呈微锯齿状），终温25℃。

一次发酵

28℃发酵40分钟。

分割

80克，折叠收圆。

醒发

28℃发酵25分钟。

整形

面团擀开后，铺上12克红酒葡萄干，卷起收合形成长条状，头尾结合呈圆圈造型。

二次发酵

30℃发酵约20分钟。

汆烫

保持水持续微沸，贝果正反面各汆烫30秒，沥干后排入烤盘。

烤制

上火220℃、下火180℃烤制约15分钟。

做法 STEP BY STEP

1 葡萄菌种制作

材料A搅拌均匀（建议发酵种温度26℃），放入密封容器，于28℃发酵180分钟（发酵状态约发酵种的1.5倍大），再于5℃冷藏12～16小时。

2 搅拌制程

材料B与发酵种放入搅拌缸，以低速搅拌成团，转中速搅拌至面团表面稍平整，再加入材料C搅拌至8分筋力（薄膜呈雾面，裂口切面呈微锯齿状），面团终温25℃。

3 一次发酵

面团于28℃发酵40分钟。

4 分割、醒发

发酵好的面团分割成每个80克，共20个，分别折叠后收圆。将分割好的面团于28℃发酵25分钟。

5 整形、二次发酵

卷成长圆柱

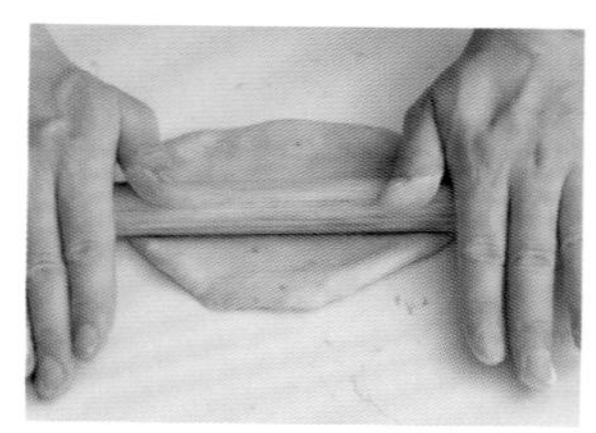

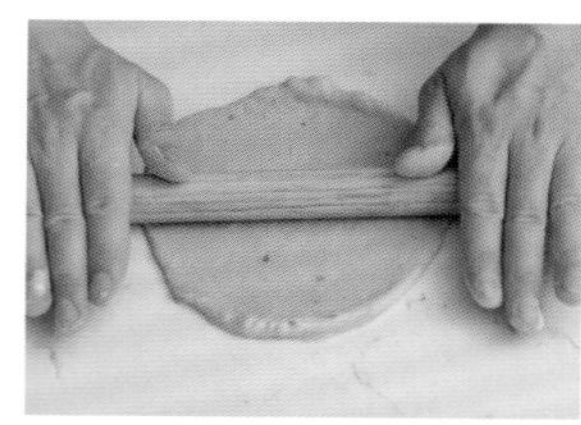

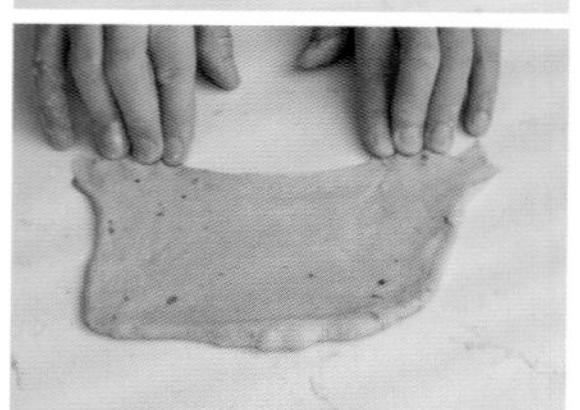

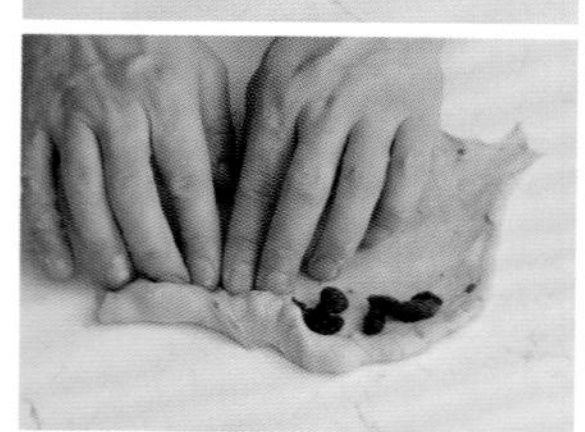

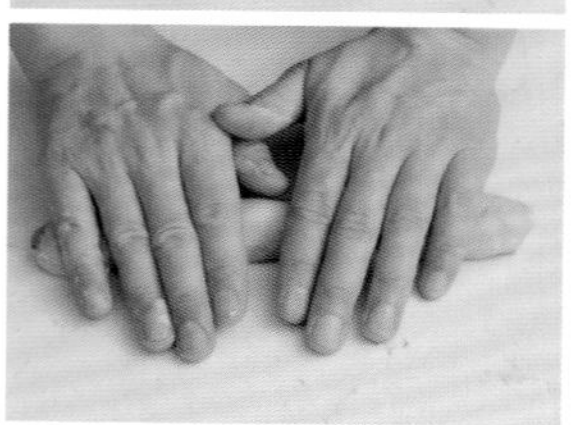

轻拍面团排出气体后，从中间朝上下擀成厚薄一致的椭圆形，拉成正方形后，底部压薄捏合，铺上12克红酒葡萄干，卷起成长圆柱。

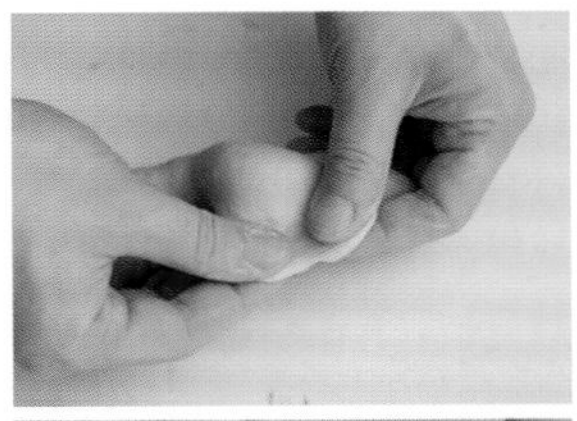
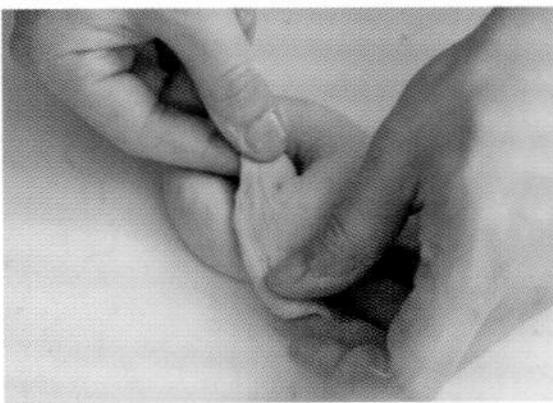

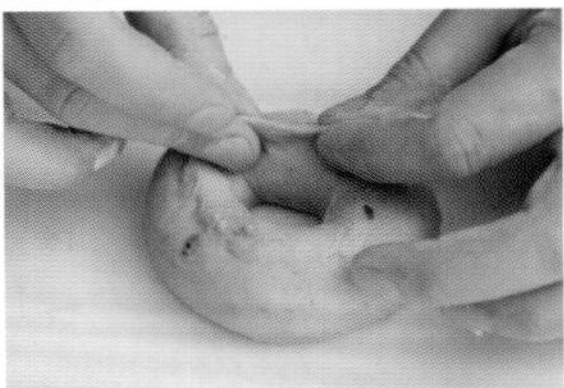

将一侧面团以指腹轻压摊开，面团呈圆圈造型，将摊开面团覆盖另一侧表面，完全包覆捏合。

发酵

将整形好的面团放入烤盘，共完成20个，于30℃发酵20分钟。

6 汆烫

保持水持续微沸，贝果正反面各汆烫30秒，捞起后沥干，排入烤盘。

7 烤制

放入烤箱，用上火220℃、下火180℃，烤制约15分钟，出炉后放凉。

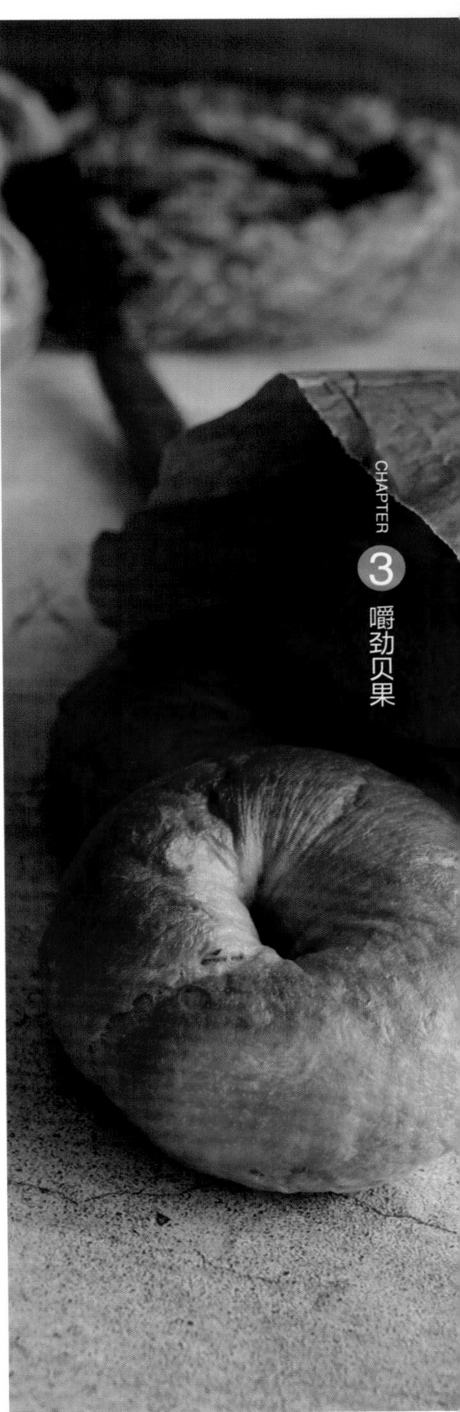

CHAPTER 4

BUTTER ROLLS

酥香可颂

乡村盐可颂

Quantity 分量 | 20个

材料 INGREDIENTS

冷藏液种	百分比（%）	重量（克）
A 法国面粉	20	118
裸麦粉（*）	10	59
海盐	0.1	1
低糖酵母	0.2	1
水	30	177

主面团	百分比（%）	重量（克）
B 法国面粉	40	236
高筋面粉	30	177
细砂糖	4	24
海盐	1.8	11
低糖酵母	1	6
奶粉	2	12
麦芽精	0.2	1
水	35	207
C 发酵奶油（**）	4	24
合计	178.3%	1054 克

其他材料 OTHERS

发酵奶油、“盐之花”盐

基本工序 PROCESS

冷藏液种制作

材料A拌匀，建议种温26℃，28℃发酵80分钟，再于5℃冷藏12~16小时。

搅拌制程

材料B与发酵种低速搅拌成团，中速搅拌至面团表面微光滑，加入材料C，搅拌至8分筋力（裂口切面呈微锯齿状），终温26℃。

一次发酵

28℃发酵50分钟。

分割

50克，折叠收圆。

醒发

28℃发酵30分钟。

整形

将面团搓成水滴状，擀开，铺上5克发酵奶油，卷起。

二次发酵

30℃发酵35~40分钟。

烤制

表面装饰“盐之花”盐，上火230℃、下火190℃烤制约14分钟。

（*）裸麦粉

配方运用裸麦粉的特性提升产品风味，使产品的尾韵带有甘甜麦香。

（**）发酵奶油

由于面团配方架构设定，所以不使用有盐奶油，而是使用发酵奶油，因有盐奶油稍有咸度，烤制过后风味会更为强烈，气味易压过面团的风味，丧失配方架构的目的。

做法 STEP BY STEP

1 冷藏液种制作

材料A搅拌均匀（建议发酵种温度26℃），放入密封容器，于28℃发酵80分钟，再于5℃冷藏12~16小时。

2 搅拌制程

材料B与发酵种放入搅拌缸，以低速搅拌成团，转中速搅拌至面团表面稍平整，再加入材料C搅拌至8分筋力（薄膜呈雾面，裂口切面呈微锯齿状），面团终温26℃。

3 一次发酵

面团于28℃发酵50分钟。

4 分割、醒发

发酵好的面团分割成每个50克，共20个，分别折叠后收圆。将分割好的面团于28℃发酵30分钟。

5 整形、二次发酵

喷油脂

桌面可先喷上薄薄的油脂，有助于烤制时面团舒张，层次也较容易呈现。

卷起

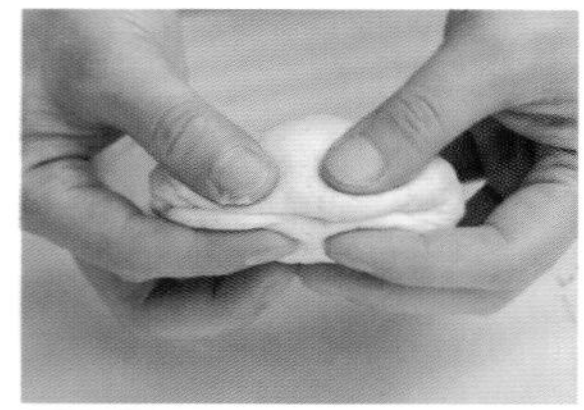

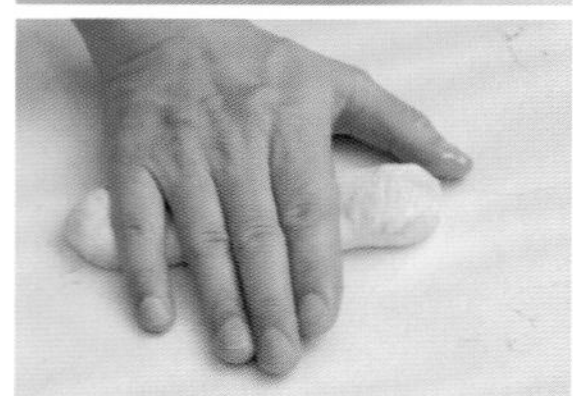

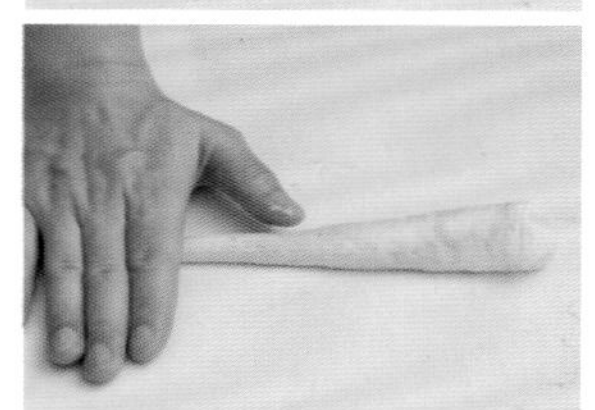

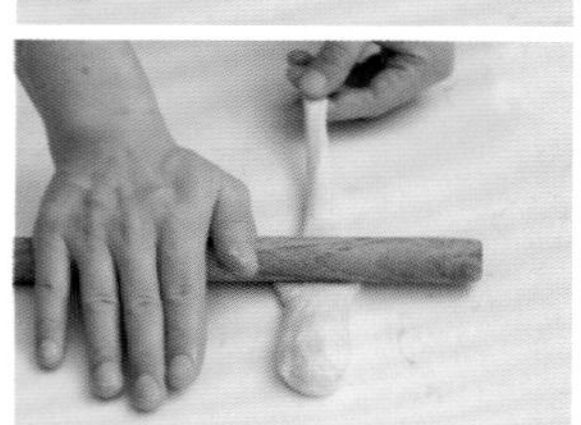

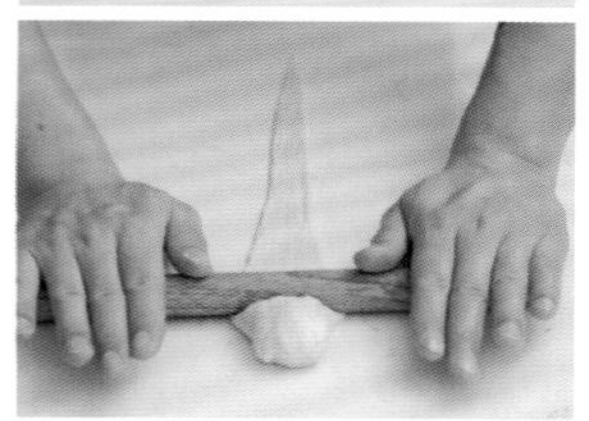

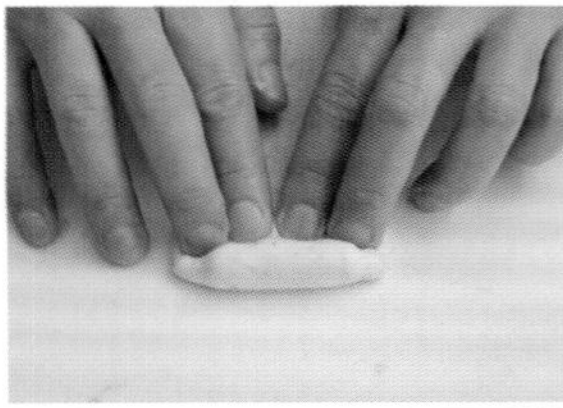

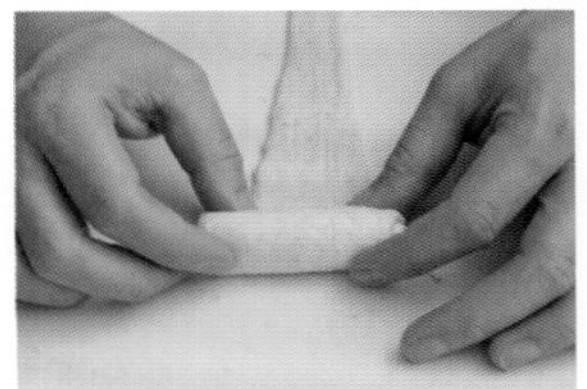

面团底部先对折黏合，将面团搓成约18厘米长的水滴状，一手轻拉尾端，先从中间朝下擀压，再从中间朝上擀成厚薄一致的扁平水滴状（长40～45厘米），铺上5克发酵奶油，顺势卷起。

发酵

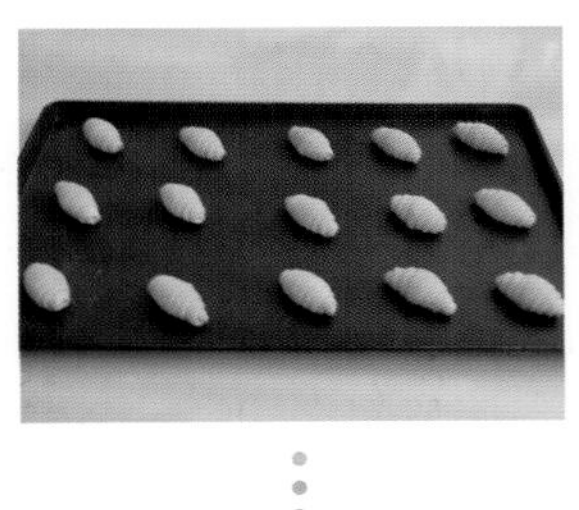

整形好的面团收口朝下放入烤盘，共完成20个，于30℃发酵35～40分钟。

6 烤制

面团表面装饰“盐之花”盐，放入烤箱，用上火230℃、下火190℃，烤制约14分钟，出炉后移至干净置凉架冷却，避免产品回吸原烤盘上所溢出的油脂。

盐可颂知识库

做法5小贴士

最佳向上舒张圈数

为了让面团于烤制时能有向上舒张力道，因此卷合的层次以4～5圈最佳；但面团重量不同，圈数也可有少许差异。

做法6小贴士

烤制时注意面团底火状态

由于面团包入奶油，故烤制过程奶油会随之液化，烤盘上会产生油脂。当温度不够时，面团无法和油脂分隔，反而造成大量的油脂渗透，导致产品烤制后底部颜色较浅，切开产品的底部有一层明显的油脂层，产品易有油质酸败味。

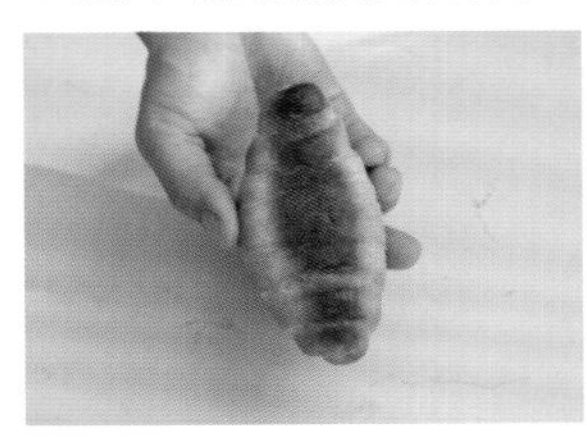

柚子蒜辣盐可颂

Quantity 分量 | 20 个

材料 INGREDIENTS

冷藏液种	百分比（%）	重量（克）
A 法国面粉	20	118
裸麦粉	10	59
海盐	0.1	1
低糖酵母	0.2	1
水	30	177
主面团	**百分比（%）**	**重量（克）**
B 法国面粉	40	236
高筋面粉	30	177
细砂糖	4	24
海盐	1.8	11
低糖酵母	1	6
奶粉	2	12
麦芽精	0.2	1
水	35	207
C 发酵奶油	4	24
合计	178.3%	1054 克

其他材料 OTHERS

柚子蒜辣奶油（*）、黑胡椒粗粒

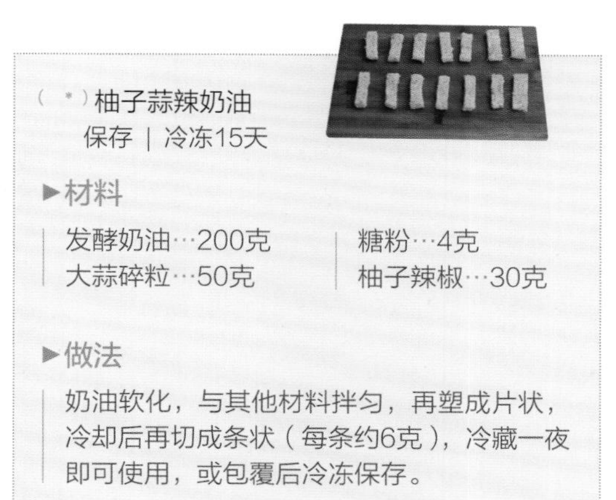

（*）柚子蒜辣奶油
保存 | 冷冻15天

►材料

发酵奶油…200克
大蒜碎粒…50克
糖粉…4克
柚子辣椒…30克

►做法

奶油软化，与其他材料拌匀，再塑成片状，冷却后再切成条状（每条约6克），冷藏一夜即可使用，或包覆后冷冻保存。

基本工序 PROCESS

▼冷藏液种制作

材料A拌匀，建议种温26℃，28℃发酵80分钟，再于5℃冷藏12～16小时。

▼搅拌制程

材料B与发酵种低速搅拌成团，中速搅拌至面团表面微光滑，加入材料C，搅拌至8分筋力（裂口切面呈微锯齿状），终温26℃。

▼一次发酵

28℃发酵50分钟。

▼分割

50克，折叠收圆。

▼醒发

28℃发酵30分钟。

▼整形

将面团搓成水滴状，擀开，铺上6克柚子蒜辣奶油，卷起。

▼二次发酵

30℃发酵35～40分钟。

▼烤制

面团表面装饰黑胡椒粗粒，上火230℃、下火190℃烤制约14分钟。

做法 STEP BY STEP

1 冷藏液种制作

材料A搅拌均匀（建议发酵种温度26℃），放入密封容器，于28℃发酵80分钟，再于5℃冷藏12~16小时。

2 搅拌制程

材料B与发酵种放入搅拌缸，以低速搅拌成团，转中速搅拌至面团表面稍平整，再加入材料C搅拌至8分筋力（薄膜呈雾面，裂口切面呈微锯齿状），面团终温26℃。

3 一次发酵

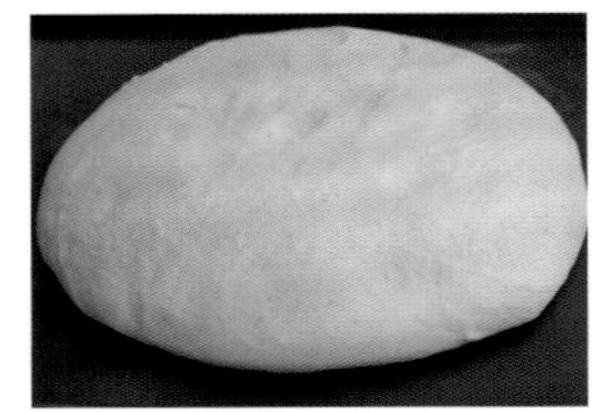

面团于28℃发酵50分钟。

4 分割、醒发

发酵好的面团分割成每个50克，共20个，分别折叠后收圆。将分割好的面团于28℃发酵30分钟。

5 整形、二次发酵

喷油脂

桌面可先喷上薄薄的油脂，有助于烤制时面团舒张，层次也较易呈现。

卷起

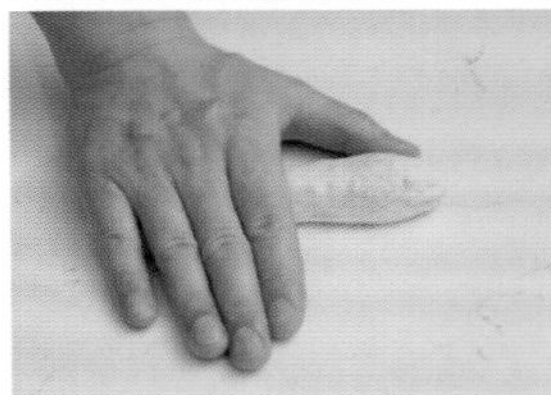
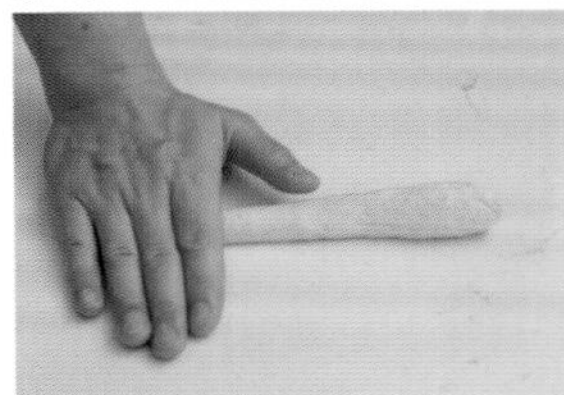
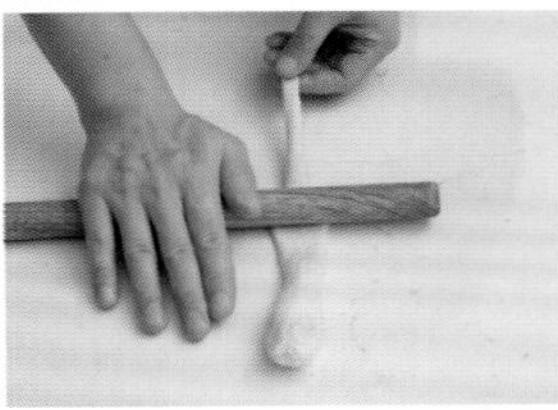
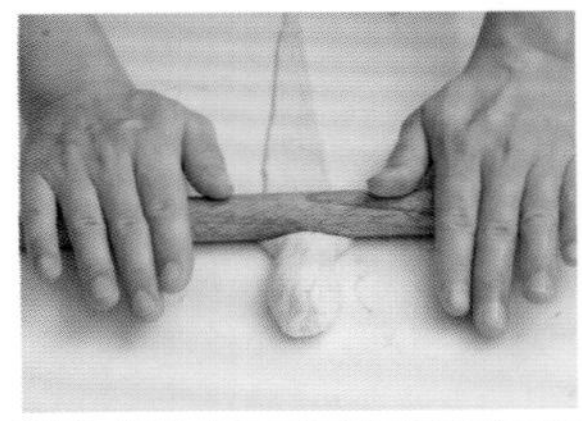
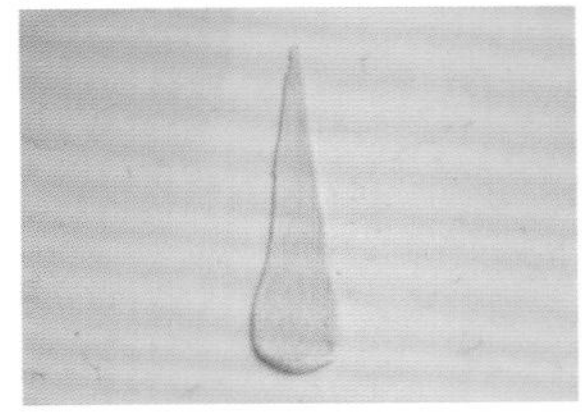
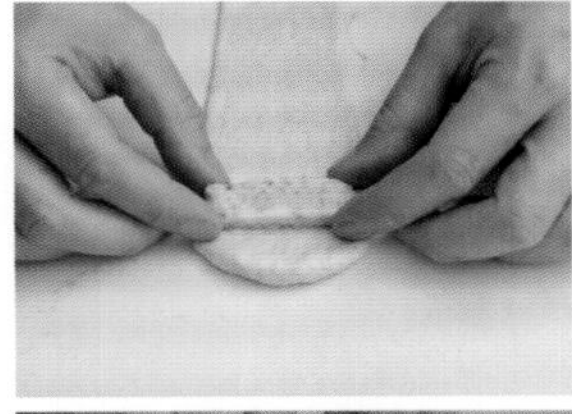
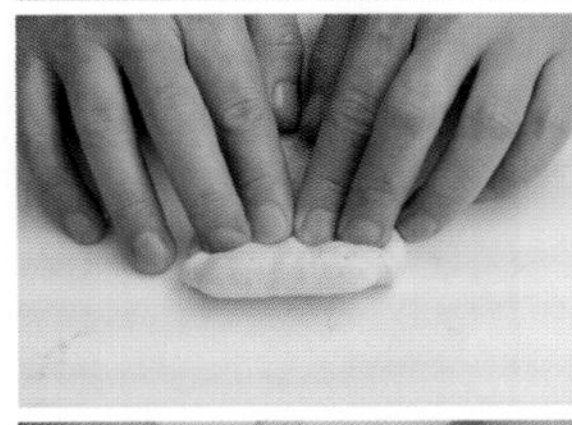

面团底部先对折黏合，将面团搓成约18厘米长的水滴状，一手轻拉尾端，先从中间朝下擀压，再从中间朝上擀成厚薄一致的扁平水滴状（长40~45厘米），铺上6克柚子蒜辣奶油，顺势卷起。

发酵

整形好的面团收口朝下放入烤盘，共完成20个，于30℃发酵35~40分钟。

6 烤制

面团表面装饰适量黑胡椒粗粒，放入烤箱，用上火230℃、下火190℃，烤制约14分钟，出炉后移至干净置凉架冷却，避免产品回吸原烤盘上所溢出的油脂。

蓝纹菌菇培根盐可颂

Quantity 分量 | 20 个

蓝纹奶酪

每个面团抹上约2克蓝纹奶酪（Blue Cheese），这款奶酪风味特别强烈，咸度很高，表面霉菌呈现出蓝纹，可依照个人喜好增加比例。若不习惯，无法直接食用，可作为许多料理的调味基底，与食材相互融合来降低其气味，这也是本配方搭配的创意来源。运用恰当可使气味达到平衡，展现迷人的风味。

材料 INGREDIENTS

冷藏液种	百分比（%）	重量（克）
A 法国面粉	20	118
裸麦粉	10	59
海盐	0.1	1
低糖酵母	0.2	1
水	30	177
主面团	**百分比（%）**	**重量（克）**
B 法国面粉	40	236
高筋面粉	30	177
细砂糖	4	24
海盐	1.8	11
低糖酵母	1	6
奶粉	2	12
麦芽精	0.2	1
水	35	207
C 发酵奶油	4	24
合计	178.3%	1054 克

其他材料 OTHERS

蓝纹奶酪（*）、培根（**）、蟹味菇（***）、发酵奶油、玫瑰盐

（**）培根

市售半成品培根每条切成4等份，先以上下火180℃烤3分钟，将油脂烤出即可。

（***）蟹味菇

蟹味菇先以滚水汆烫约1分钟，捞起并沥干备用。

基本工序 PROCESS

冷藏液种制作

材料A拌匀，建议种温26℃，28℃发酵80分钟，再于5℃冷藏12～16小时。

搅拌制程

材料B与发酵种低速搅拌成团，中速搅拌至面团表面微光滑，加入材料C，搅拌至8分筋力（裂口切面呈微锯齿状），终温26℃。

一次发酵

28℃发酵50分钟。

分割

50克，折叠收圆。

醒发

28℃发酵30分钟。

整形

将面团搓成水滴状，擀开，先抹上2克蓝纹奶酪，依序铺上培根、5克发酵奶油、蟹味菇，卷起。

二次发酵

30℃发酵35～40分钟。

烤制

表面装饰玫瑰盐，上火230℃、下火190℃烤制约14分钟。

做法 STEP BY STEP

1 冷藏液种制作

材料A搅拌均匀（建议发酵种温度26℃），放入密封容器，于28℃发酵80分钟，再于5℃冷藏12~16小时。

2 搅拌制程

材料B与发酵种放入搅拌缸，以低速搅拌成团，转中速搅拌至面团表面稍平整，再加入材料C搅拌至8分筋力（薄膜呈雾面，裂口切面呈微锯齿状），面团终温26℃。

3 一次发酵

面团于28℃发酵50分钟。

4 分割、醒发

发酵好的面团分割成每个50克，共20个，分别折叠后收圆。将分割好的面团于28℃发酵30分钟。

5 整形、二次发酵

喷油脂

桌面可先喷上薄薄的油脂，有助于烤制时面团舒张，层次也较易呈现。

卷起

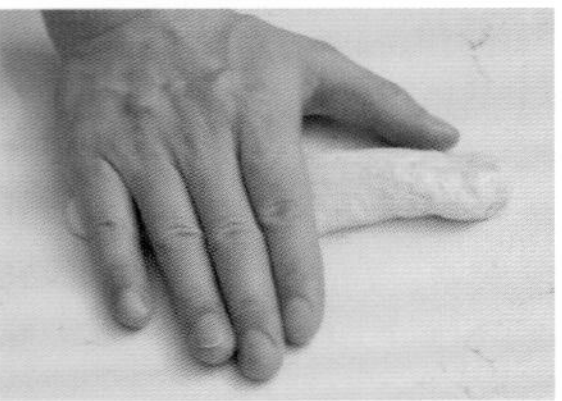

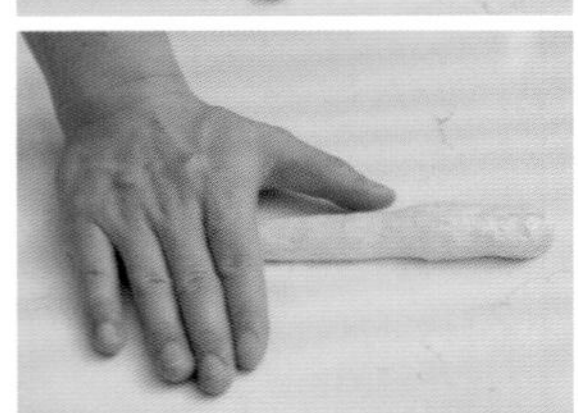

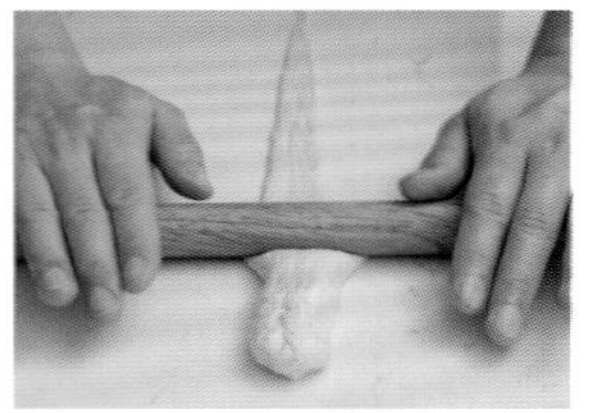

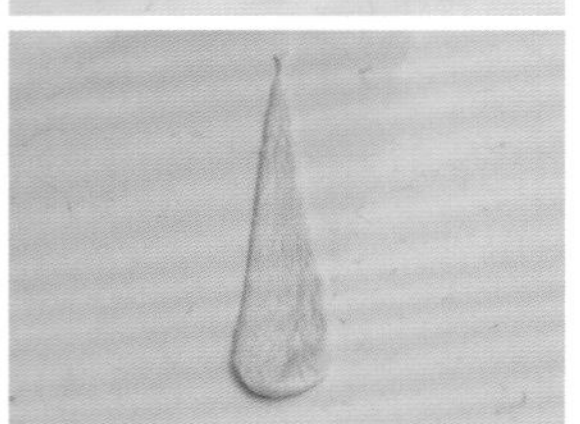

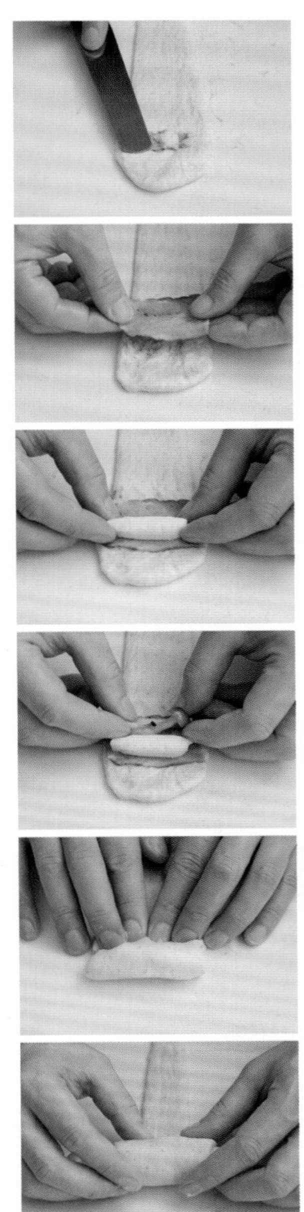

面团底部先对折黏合，将面团搓成约18厘米长的水滴状，一手轻拉尾端，先从中间朝下擀压，再从中间朝上擀成厚薄一致的扁平水滴状（长40～45厘米），先在面团顶端抹上2克蓝纹奶酪，依序铺上1/4片熟培根、5克发酵奶油、适量蟹味菇，顺势卷起。

发酵

整形好的面团收口朝下放入烤盘，共完成20个，于30℃发酵35～40分钟。

6 烤制

面团表面装饰适量玫瑰盐，放入烤箱，用上火230℃、下火190℃，烤制约14分钟，出炉后移至干净置凉架冷却，避免产品回吸原烤盘上所溢出的油脂。

罗勒辣椒奶酪盐可颂

Quantity 分量 | 20个

材料 INGREDIENTS

冷藏液种	百分比（%）	重量（克）
A 法国面粉	30	189
海盐	0.1	1
低糖酵母	0.2	1
水	30	189

主面团	百分比（%）	重量（克）
B 法国面粉	50	315
高筋面粉	20	126
细砂糖	5	32
海盐	1.5	9
低糖酵母	1	6
麦芽精	0.2	1
水	35	221
C 发酵奶油	4	25
新鲜罗勒叶	6	38
D 辣椒奶酪丝	15	95
合计	198%	1248 克

其他材料 OTHERS

发酵奶油、意大利香料

基本工序 PROCESS

冷藏液种制作

材料A拌匀，建议种温26℃，28℃发酵80分钟，再于5℃冷藏12~16小时。

搅拌制程

材料B与发酵种低速搅拌成团，中速搅拌至面团表面微光滑，加入材料C，搅拌至8分筋力（裂口切面呈微锯齿状）。

面团切块，分批放入搅拌缸，与材料D搅拌均匀，终温26℃。

一次发酵

28℃发酵50分钟。

分割

60克，折叠收圆。

醒发

28℃发酵30分钟。

整形

将面团搓成水滴状，擀开，铺上5克发酵奶油，卷起。

二次发酵

30℃发酵35~40分钟。

烤制

表面装饰意大利香料，上火230℃、下火190℃烤制约15分钟。

做法 STEP BY STEP

1 冷藏液种制作

材料A搅拌均匀（建议发酵种温度26℃），放入密封容器，于28℃发酵80分钟，再于5℃冷藏12～16小时。

2 搅拌制程

材料B与发酵种放入搅拌缸，以低速搅拌成团，转中速搅拌至面团表面稍平整，再加入材料C搅拌至8分筋力（薄膜呈雾面，裂口切面呈微锯齿状），取出面团后切块。材料D放入搅拌缸，面团分批放入，搅拌均匀即可，面团终温26℃。

3 一次发酵

面团于28℃发酵50分钟。

4 分割、醒发

发酵好的面团分割成每个60克，共20个，分别折叠后收圆。将分割好的面团于28℃发酵30分钟。

5 整形、二次发酵

喷油脂

桌面可先喷上薄薄的油脂，有助于烤制时面团舒张，层次也较易呈现。

卷起

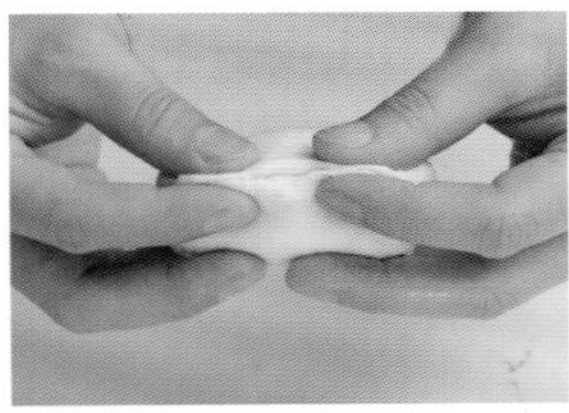

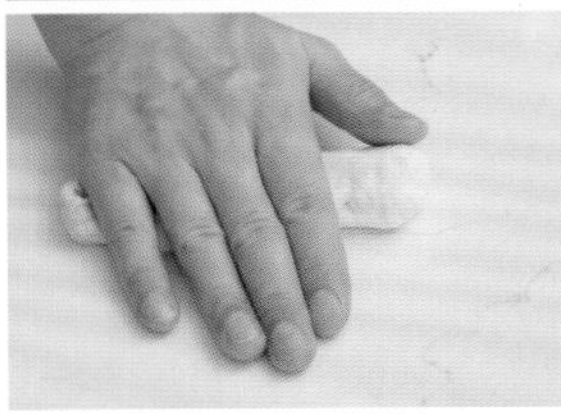

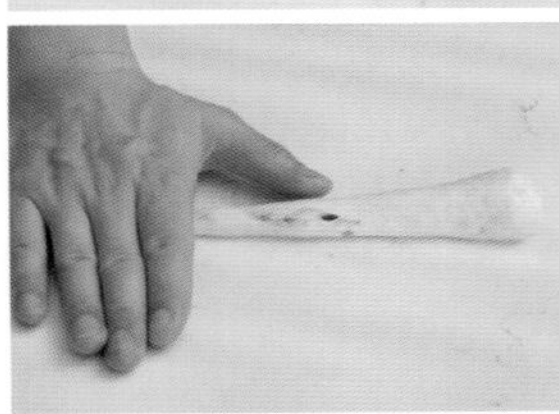

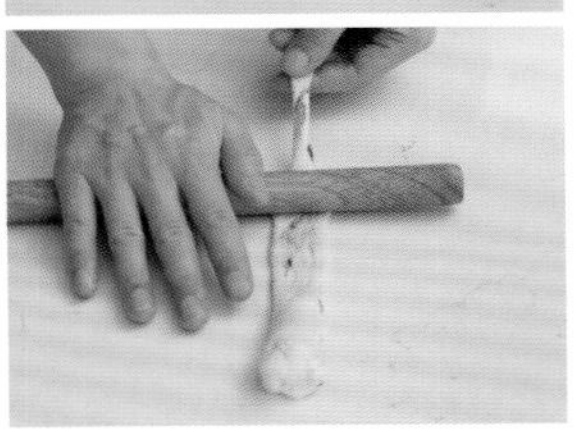

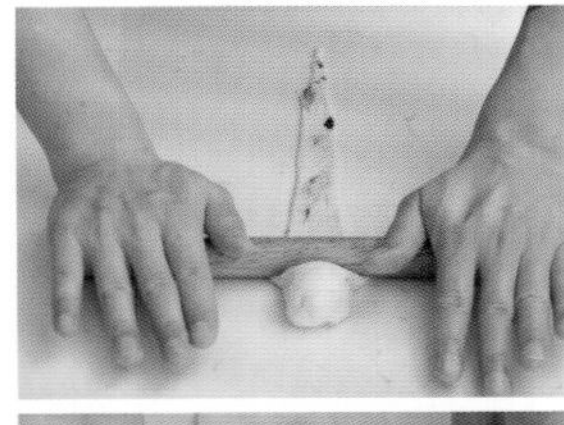

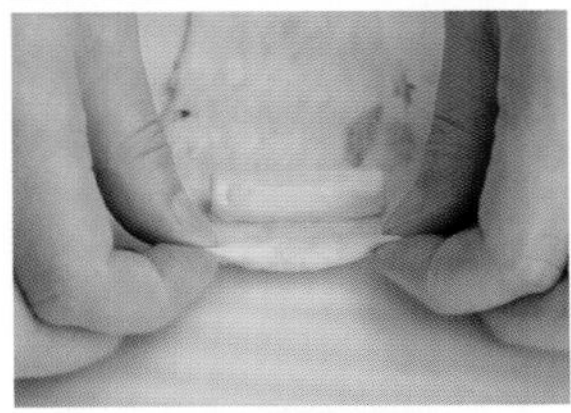

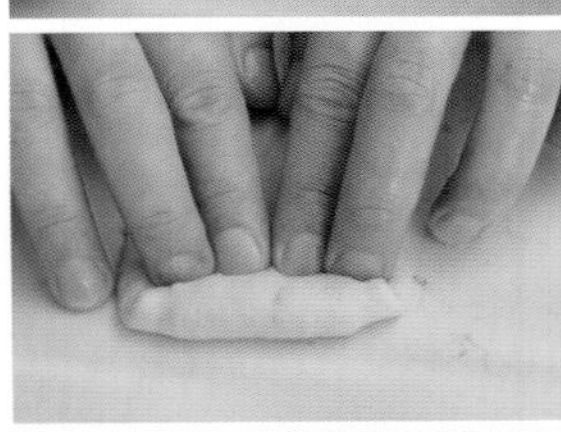

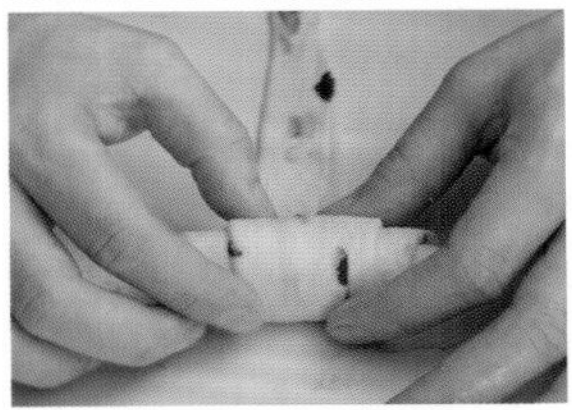

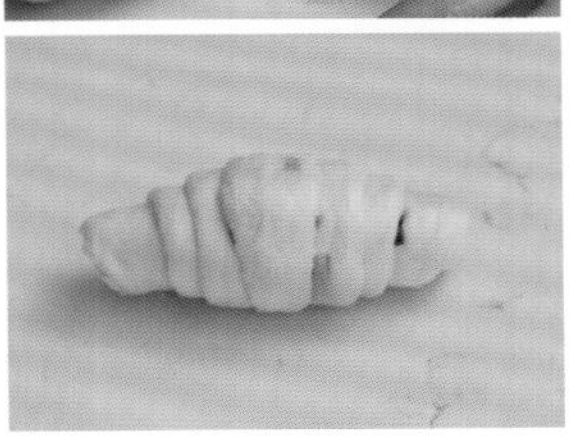

面团底部先对折黏合，将面团搓成约18厘米长的水滴状，一手轻拉尾端，先从中间朝下擀压，再从中间朝上擀成厚薄一致的扁平水滴状（长40~45厘米），铺上5克发酵奶油，顺势卷起。

发酵

整形好的面团收口朝下放入烤盘，共完成20个，于30℃发酵35~40分钟。

6 烤制

面团表面装饰适量意大利香料，放入烤箱，用上火230℃、下火190℃，烤制约15分钟，出炉后移至干净置凉架冷却，避免产品回吸原烤盘上所溢出的油脂。

黑麦啤酒盐可颂

Quantity 分量 | 20 个

材料 INGREDIENTS

啤酒液种	百分比（%）	重量（克）
A T55 面粉	30	171
海盐	0.1	1
低糖酵母	0.2	1
黑麦啤酒（*）	35	200
主面团	**百分比（%）**	**重量（克）**
B 法国面粉	40	228
高筋面粉	30	171
细砂糖	5	29
海盐	1.8	10
低糖酵母	1	6
麦芽精	0.2	1
水	18	103
黑麦啤酒（*）	17	97
C 发酵奶油	5	29
合计	183.3%	1047 克

其他材料 OTHERS

发酵奶油、黑盐

（*）黑麦啤酒

此配方虽然无法引入浓郁酒香，却能凸显浓醇的麦香味。黑麦啤酒的原麦汁含量比一般啤酒高，风味也较强烈，麦香及焦香味突出，味道浓醇厚实，带甜味，少一些苦味。这些特色融入面团中，可辅助面粉展现更迷人的风味。

基本工序 PROCESS

啤酒液种制作

材料A拌匀，建议种温26℃，28℃发酵60分钟，再于5℃冷藏12～16小时。

搅拌制程

材料B与发酵种低速搅拌成团，中速搅拌至面团表面微光滑，加入材料C，搅拌至8分筋力（裂口切面呈微锯齿状），终温26℃。

一次发酵

28℃发酵40分钟。

分割

50克，折叠收圆。

醒发

28℃发酵30分钟。

整形

将面团搓成水滴状，擀开，铺上5克发酵奶油，卷起。

二次发酵

30℃发酵35～40分钟。

烤制

表面装饰黑盐，上火230℃、下火190℃烤制约14分钟。

做法 STEP BY STEP

1 啤酒液种制作

材料A搅拌均匀（建议发酵种温度26℃），放入密封容器，于28℃发酵60分钟，再于5℃冷藏12~16小时。

2 搅拌制程

材料B与发酵种放入搅拌缸，以低速搅拌成团，转中速搅拌至面团表面稍平整，再加入材料C搅拌至8分筋力（薄膜呈雾面，裂口切面呈微锯齿状），面团终温26℃。

3 一次发酵

面团于28℃发酵40分钟。

4 分割、醒发

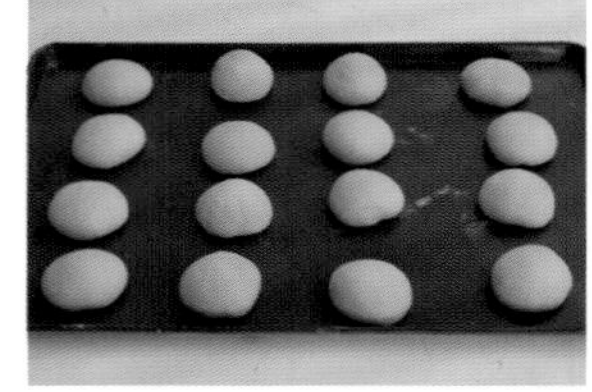

发酵好的面团分割成每个50克，共20个，分别折叠后收圆。将分割好的面团于28℃发酵30分钟。

5 整形、二次发酵

喷油脂

桌面可先喷上薄薄的油脂，有助于烤制时面团舒张，层次也较易呈现。

卷起

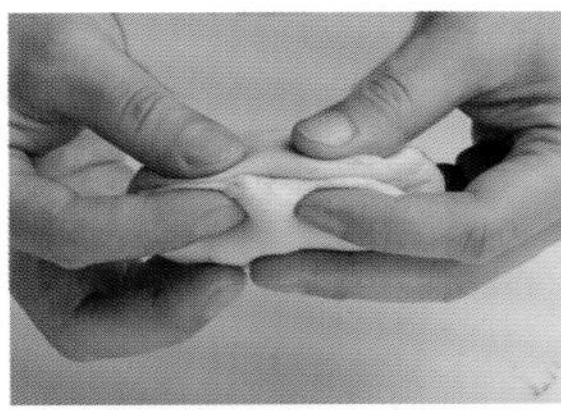
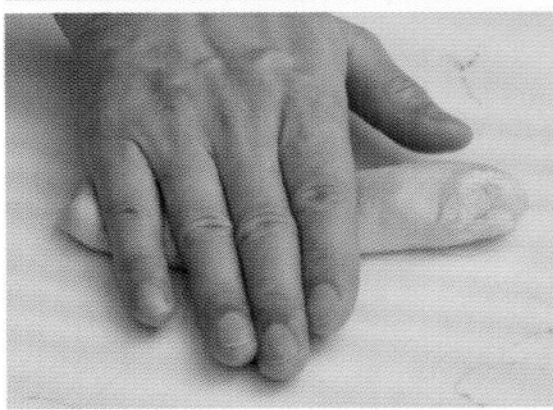
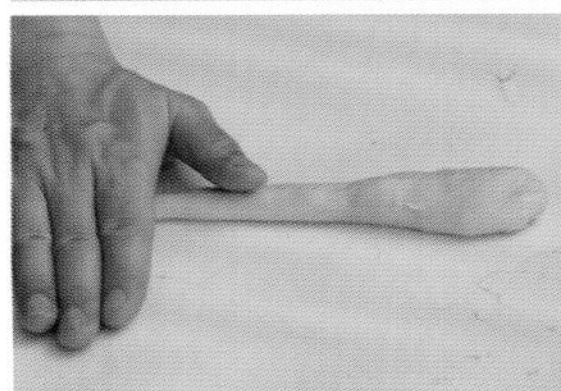
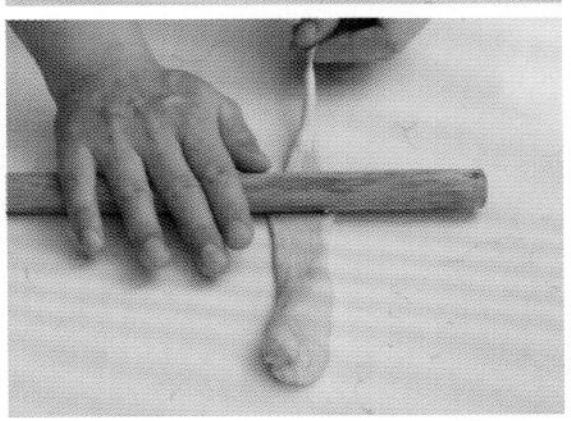
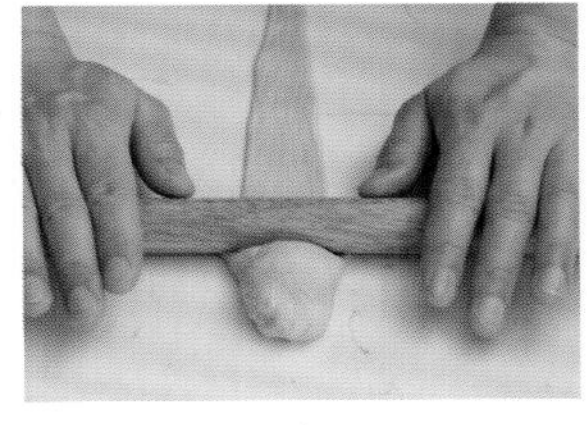
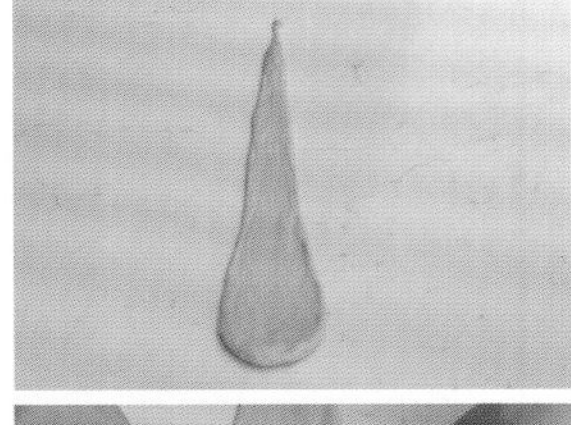
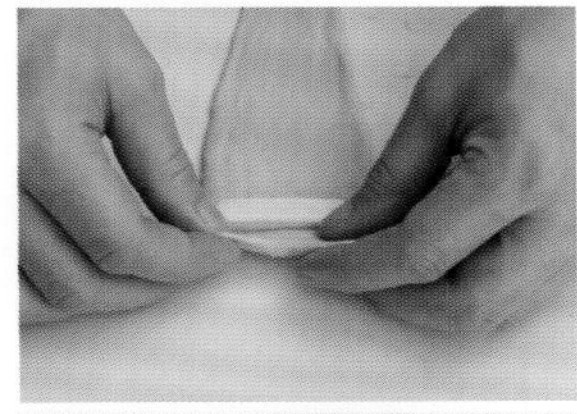
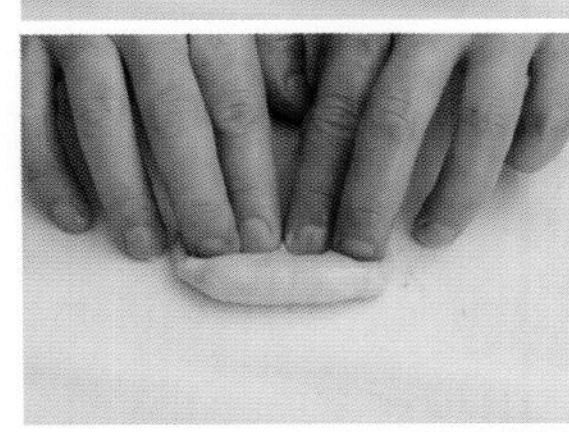
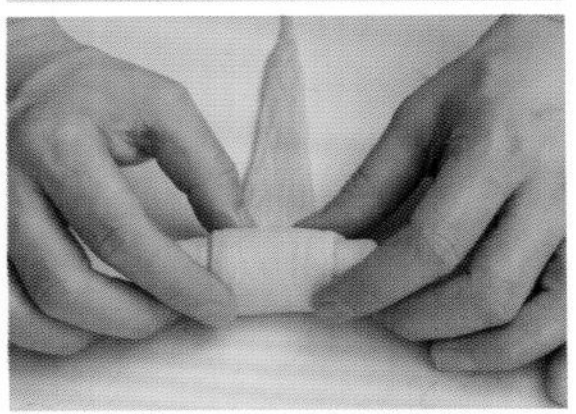

面团底部先对折黏合，将面团搓成约18厘米长的水滴状，一手轻拉尾端，先从中间朝下擀压，再从中间朝上擀成厚薄一致的扁平水滴状（长40~45厘米），铺上5克发酵奶油，顺势卷起。

发酵

整形好的面团收口朝下放入烤盘，共完成20个，于30℃发酵35~40分钟。

6 烤制

面团表面装饰适量黑盐，放入烤箱，用上火230℃、下火190℃，烤制约14分钟，出炉后移至干净置凉架冷却，避免产品回吸原烤盘上所溢出的油脂。

伯爵柚惑盐可颂

Quantity 分量｜20 个

材料 INGREDIENTS

茶酿液种	百分比（%）	重量（克）
A 法国面粉	30	168
海盐	0.1	1
低糖酵母	0.2	1
伯爵茶（*）	33	185
主面团	**百分比（%）**	**重量（克）**
B 高筋面粉	70	392
细砂糖	8	45
海盐	1.5	8
低糖酵母	1	6
伯爵茶（*）	38	213
C 发酵奶油	7	39
合计	188.8%	1058 克

其他材料 OTHERS

发酵奶油、文旦柚子丁

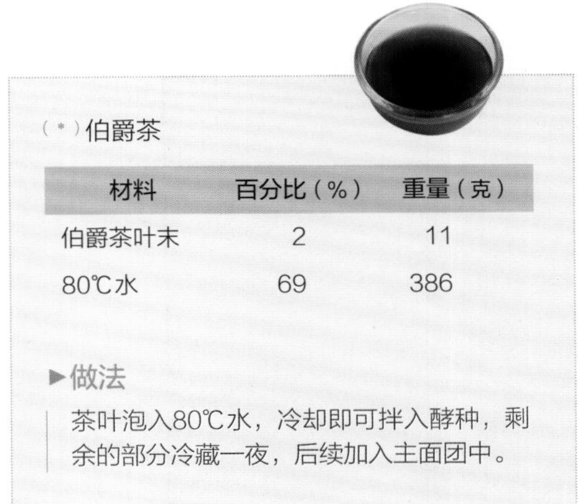

（*）伯爵茶

材料	百分比（%）	重量（克）
伯爵茶叶末	2	11
80℃水	69	386

►做法

茶叶泡入80℃水，冷却即可拌入酵种，剩余的部分冷藏一夜，后续加入主面团中。

基本工序 PROCESS

茶酿液种制作

材料A拌匀，建议种温26℃，28℃发酵80分钟，再于5℃冷藏12~16小时。

搅拌制程

材料B与发酵种低速搅拌成团，中速搅拌至面团表面微光滑，加入材料C，搅拌至8分筋力（裂口切面呈微锯齿状），终温26℃。

一次发酵

28℃发酵50分钟。

分割

50克，折叠收圆。

醒发

28℃发酵30分钟。

整形

将面团搓成水滴状，擀开，依序铺上5克发酵奶油、文旦柚子丁，卷起。

二次发酵

30℃发酵35~40分钟。

烤制

表面装饰文旦柚子丁，上火230℃、下火190℃烤制约14分钟。

做法 STEP BY STEP

1 茶酿液种制作

材料A搅拌均匀（建议发酵种温度26℃），放入密封容器，于28℃发酵80分钟，再于5℃冷藏12~16小时。

2 搅拌制程

材料B与发酵种放入搅拌缸，以低速搅拌成团，转中速搅拌至面团表面稍平整，再加入材料C搅拌至8分筋力（薄膜呈雾面，裂口切面呈微锯齿状），面团终温26℃。

3 一次发酵

面团于28℃发酵50分钟。

4 分割、醒发

发酵好的面团分割成每个50克，共20个，分别折叠后收圆。将分割好的面团于28℃发酵30分钟。

5 整形、二次发酵

喷油脂

桌面可先喷上薄薄的油脂，有助于烤制时面团舒张，层次也较易呈现。

卷起

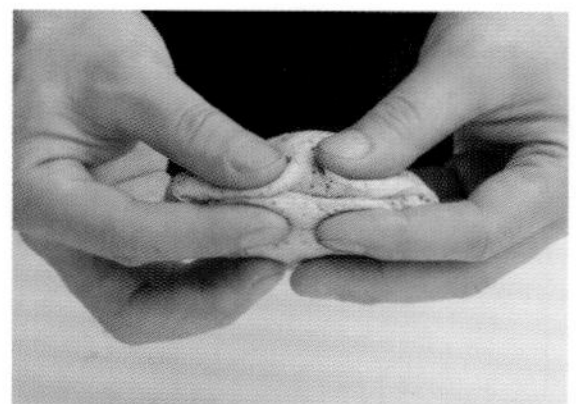
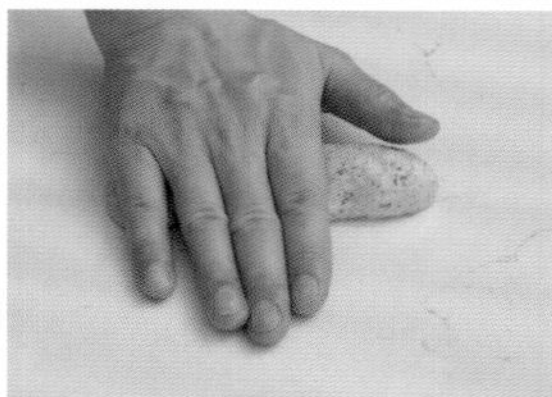
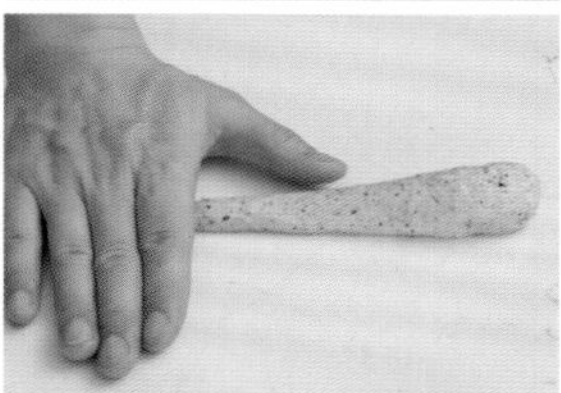

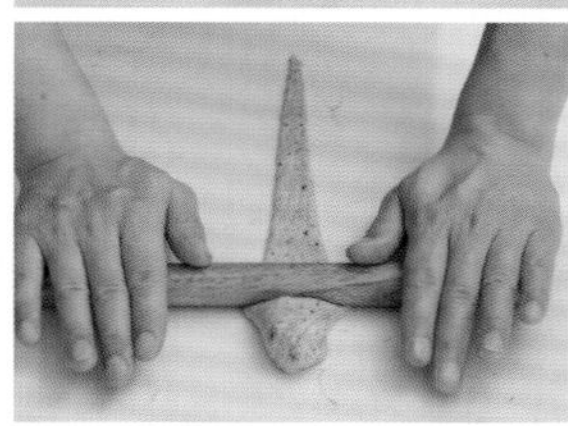
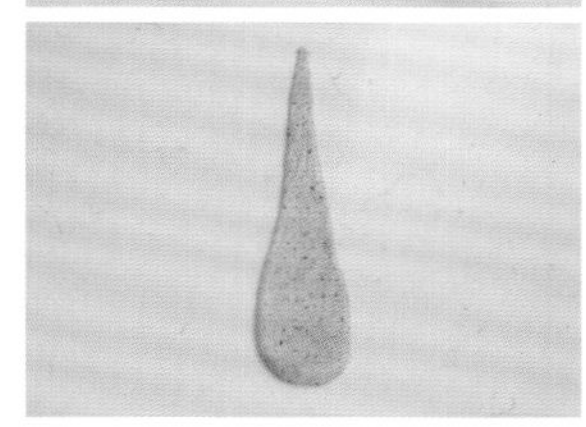

面团底部先对折黏合，将面团搓成约18厘米长的水滴状，一手轻拉尾端，先从中间朝下擀压，再从中间朝上擀成厚薄一致的扁平水滴状（长40~45厘米），依序铺上5克发酵奶油、文旦柚子丁，顺势卷起。

发酵

整形好的面团收口朝下放入烤盘，共完成20个，于30℃发酵35~40分钟。

6 烤制

面团表面装饰文旦柚子丁，放入烤箱，用上火230℃、下火190℃，烤制约14分钟，出炉后移至干净置凉架冷却，避免产品回吸原烤盘上所溢出的油脂。

帕玛森玉米盐可颂

Quantity 分量 | 20 个

材料 INGREDIENTS

冷藏法	百分比（%）	重量（克）
A 法国面粉	80	536
高筋面粉	20	134
细砂糖	8	54
海盐	1.2	8
低糖酵母	0.8	5
水	66	442
法国老面（P. 119）	20	134
B 发酵奶油	6	40
C 玉米粒	15	101
合计	217%	1454 克

其他材料 OTHERS

发酵奶油、帕玛森芝士粉（*）

（*）帕玛森芝士粉

干酪的熟成风味咸香迷人，附着在产品的外表，烘烤后展现诱人的色泽外观。

基本工序 PROCESS

冷藏法搅拌制程

材料A低速搅拌成团，中速搅拌至面团稍平整，加入材料B，搅拌至8分筋力（裂口切面呈微锯齿状）。面团切块，分批放入搅拌缸，与材料C搅拌均匀，终温25℃。

一次发酵

28℃发酵40分钟。

分割

70克，折叠收圆。

醒发

3℃冷藏10～12小时。

整形

待面团解冻，表面按压时会呈现弹性即可整形。

将面团搓成水滴状，擀开，铺上7克发酵奶油，卷起。

二次发酵

表面撒帕玛森芝士粉，30℃发酵35～40分钟。

烤制

上火230℃、下火190℃烤制约15分钟。

做法 STEP BY STEP

1 冷藏法搅拌制程

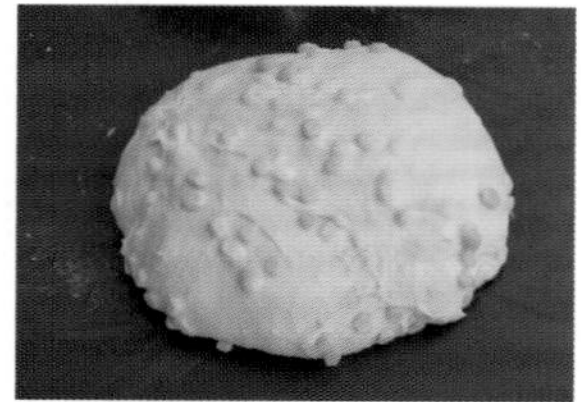

材料A放入搅拌缸，以低速搅拌成团，转中速搅拌至面团表面稍平整，再加入材料B搅拌至8分筋力（薄膜呈雾面，裂口切面呈微锯齿状），材料C放入搅拌缸，面团分批放入，搅拌均匀即可，面团终温25℃。

2 一次发酵

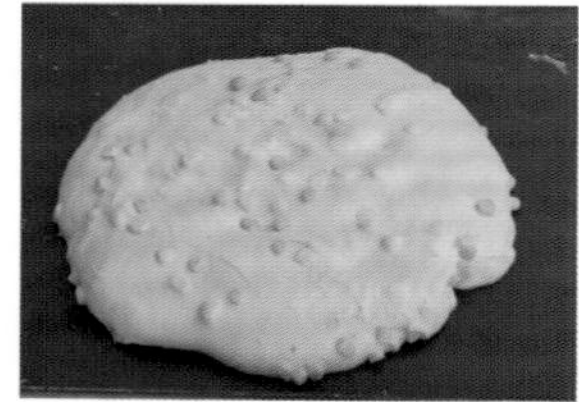

面团于28℃发酵40分钟。

3 分割、低温冷藏发酵

发酵好的面团分割成每个70克，共20个，分别折叠后收圆。将分割好的面团密封好，于3℃冷藏10~12小时。

4 解冻、整形、二次发酵

喷油脂

桌面可先喷上薄薄的油脂，有助于烤制时面团舒张，层次也较易呈现。

解冻、卷起

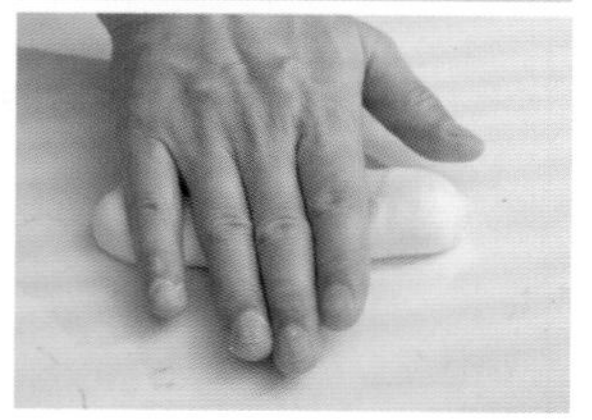

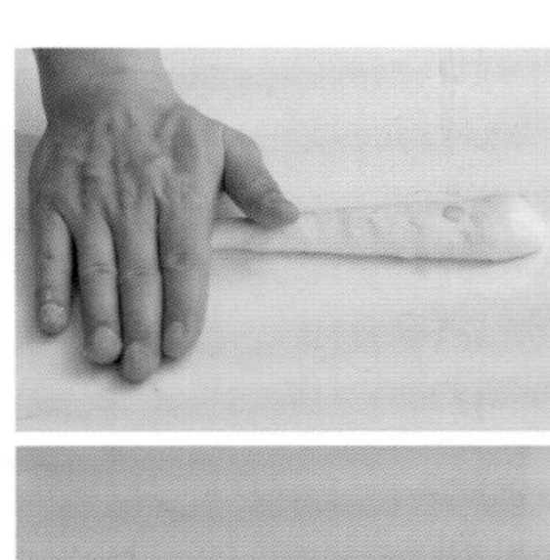
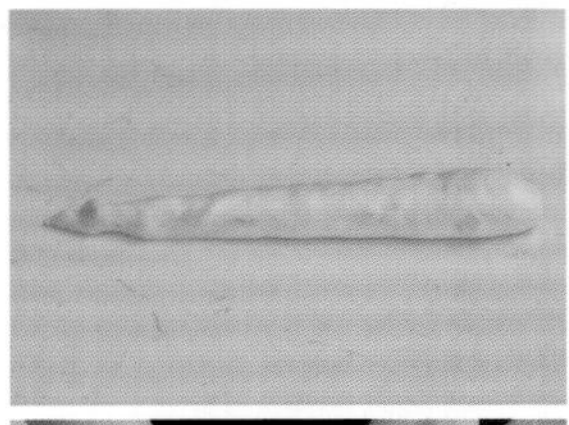
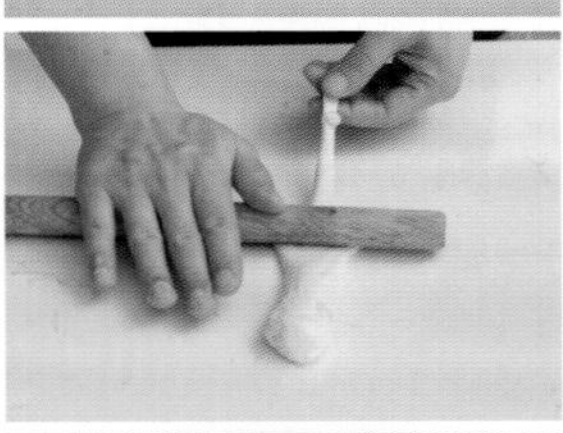
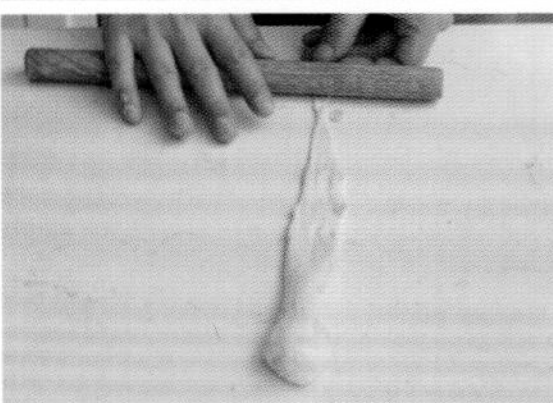

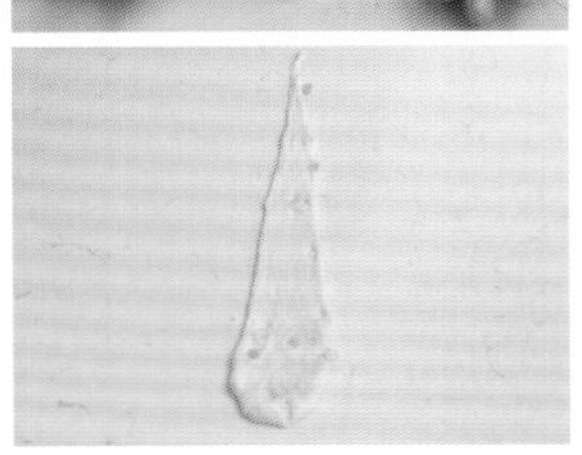
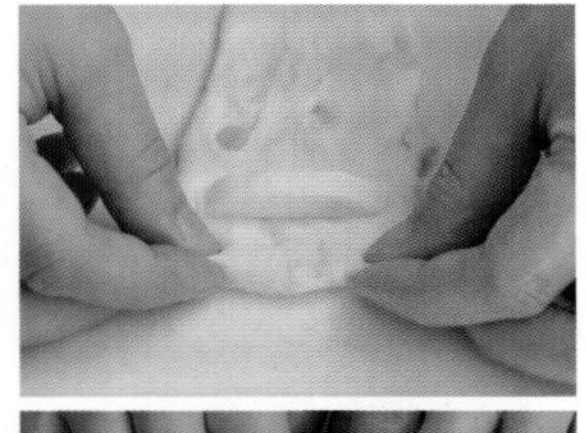
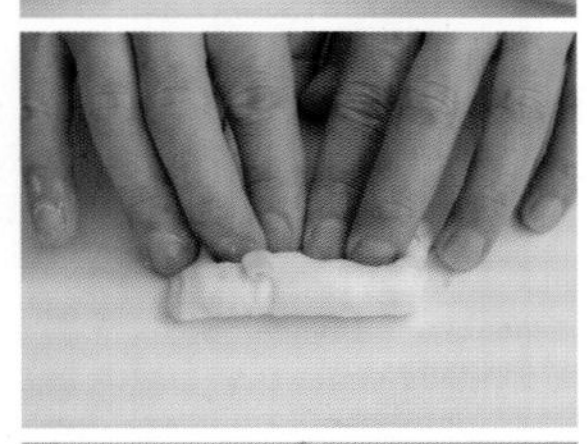
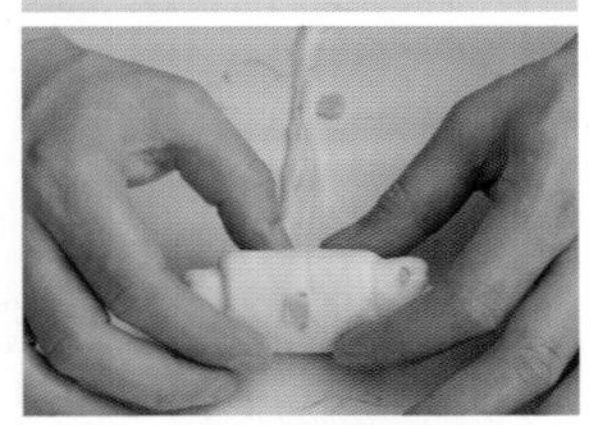

待面团解冻，可以用指腹按压面团判断，按压时面团表面有弹性，即可进行整形。面团底部先对折黏合，将面团搓成约18厘米长的水滴状，一手轻拉尾端，先从中间朝下擀压，再从中间朝上擀成厚薄一致的扁平水滴状（长40~45厘米），铺上7克发酵奶油，顺势卷起。

发酵

整形好的面团表面黏附帕玛森芝士粉，收口朝下放入烤盘，共完成20个，于30℃发酵35~40分钟。

5 烤制

放入烤箱，用上火230℃、下火190℃，烤制约15分钟，出炉后移至干净置凉架冷却，避免产品回吸原烤盘上所溢出的油脂。

玫瑰香颂

Quantity 分量 | 20个

(*)玫瑰花茶

材料	百分比（%）	重量（克）
新鲜玫瑰花瓣	2	14
80℃水	68	462

▶做法

玫瑰花瓣泡入80℃水，冷却即可拌入酵种，剩余的部分冷藏一夜，后续加入主面团中。

材料 INGREDIENTS

玫瑰液种	百分比（%）	重量（克）
A 法国面粉	30	204
海盐	0.1	1
低糖酵母	0.2	1
玫瑰花茶（*）	35	238
主面团	**百分比（%）**	**重量（克）**
B 法国面粉	20	136
高筋面粉	50	340
细砂糖	8	54
海盐	1.2	8
低糖酵母	1	7
麦芽精	0.2	1
玫瑰花茶（*）	35	238
C 发酵奶油	4	27
合计	184.7%	1255 克

其他材料 OTHERS

玫瑰甜奶油（**）、玫瑰花瓣

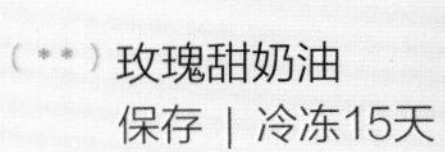

（**）玫瑰甜奶油
保存 | 冷冻15天

▶材料

发酵奶油…300克
糖粉…40克
炼乳…20克
玫瑰花瓣碎…6克

▶做法

奶油软化，与糖粉拌匀，依序加入炼乳及玫瑰花瓣碎拌匀，再塑成片状，冷却后再切成条状（每条约7克）即可使用，或包覆后放入冷冻保存。

基本工序 PROCESS

玫瑰液种制作

材料A拌匀，建议种温26℃，28℃发酵80分钟，再于5℃冷藏12~16小时。

搅拌制程

材料B与发酵种低速搅拌成团，中速搅拌至面团表面微光滑，加入材料C，搅拌至8分筋力（裂口切面呈微锯齿状），终温26℃。

一次发酵

28℃发酵50分钟。

分割

60克，折叠收圆。

醒发

28℃发酵30分钟。

整形

将面团搓成水滴状，擀开，铺上7克玫瑰甜奶油，卷起。

二次发酵

30℃发酵35~40分钟。

烤制

表面装饰玫瑰花瓣，上火230℃、下火190℃烤制约15分钟。

做法 STEP BY STEP

1 玫瑰液种制作

材料A搅拌均匀（建议发酵种温度26℃），放入密封容器，于28℃发酵80分钟，再于5℃冷藏12~16小时。

2 搅拌制程

材料B与发酵种放入搅拌缸，以低速搅拌成团，转中速搅拌至面团表面稍平整，再加入材料C搅拌至8分筋力（薄膜呈雾面，裂口切面呈微锯齿状），面团终温26℃。

3 一次发酵

面团于28℃发酵50分钟。

4 分割、醒发

发酵好的面团分割成每个60克，共20个，分别折叠后收圆。将分割好的面团于28℃发酵30分钟。

5 整形、二次发酵

喷油脂

桌面可先喷上薄薄的油脂，有助于烤制时面团舒张，层次也较易呈现。

卷起

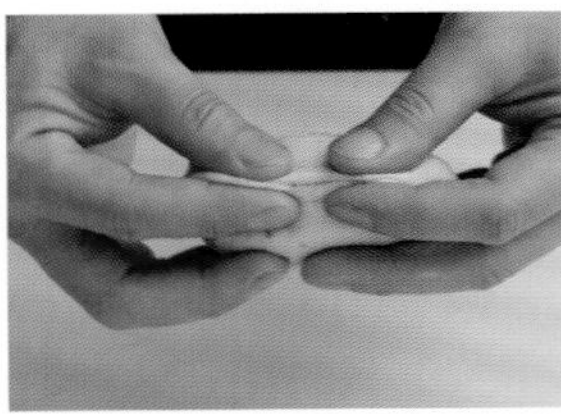

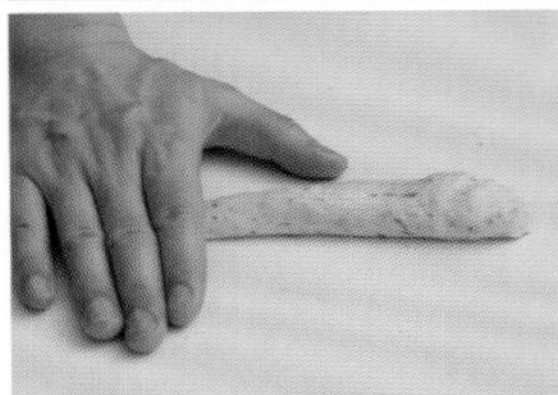

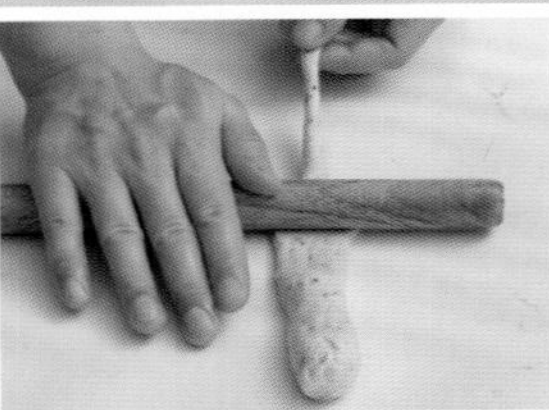

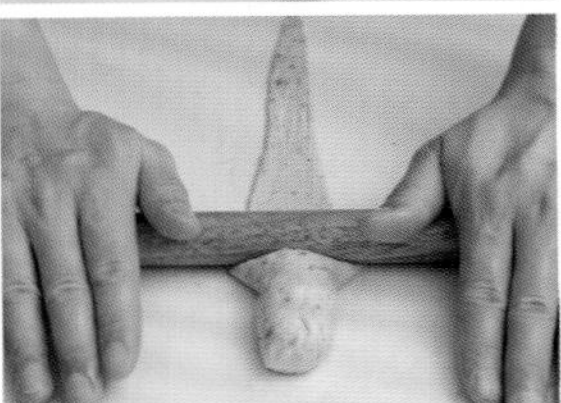

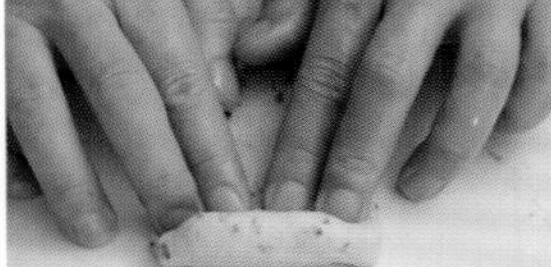

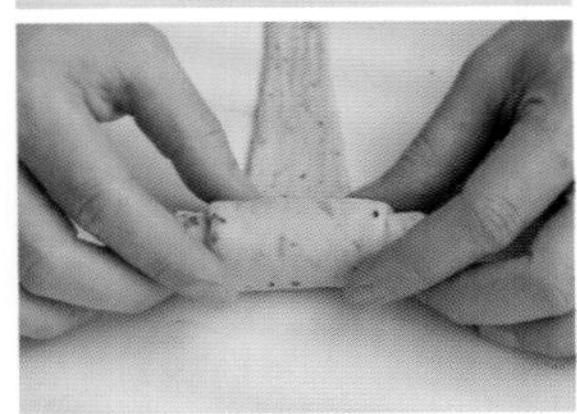

面团底部先对折黏合，将面团搓成约18厘米长的水滴状，一手轻拉尾端，先从中间朝下擀压，再从中间朝上擀成厚薄一致的扁平水滴状（长40～45厘米），铺上7克玫瑰甜奶油，顺势卷起。

发酵

整形好的面团收口朝下放入烤盘，共完成20个，于30℃发酵35～40分钟。

6 烤制

面团表面装饰适量玫瑰花瓣，放入烤箱，用上火230℃、下火190℃，烤制约15分钟，出炉后移至干净置凉架冷却，避免产品回吸原烤盘上所溢出的油脂。

青柠蓝豆盐可颂

Quantity 分量 | 20个

(*) 蝶豆花茶

材料	百分比（%）	重量（克）
蝶豆花瓣	1.2	7
80℃水	65	377

▶做法

蝶豆花瓣泡入80℃水，冷却即可拌入酵种，剩余的部分冷藏一夜，后续加入主面团中。

材料 INGREDIENTS

蝶豆花液种	百分比（%）	重量（克）
A 法国面粉	30	174
海盐	0.1	1
低糖酵母	0.2	1
蝶豆花茶（*）	33	191
主面团	**百分比（%）**	**重量（克）**
B 法国面粉	70	406
细砂糖	7	41
海盐	1.5	9
低糖酵母	1	6
蝶豆花茶（*）	32	186
C 发酵奶油	5	29
绿柠檬皮	0.3	2
合计	180.1%	1046 克

其他材料 OTHERS

青柠甜奶油（**）、蝶豆花瓣

基本工序 PROCESS

▼蝶豆花液种制作

材料A拌匀，建议种温26℃，28℃发酵80分钟，再于5℃冷藏12~16小时。

▼搅拌制程

材料B与发酵种低速搅拌成团，中速搅拌至面团表面微光滑，加入材料C，搅拌至8分筋力（裂口切面呈微锯齿状），终温26℃。

▼一次发酵

28℃发酵50分钟。

▼分割

50克，折叠收圆。

▼醒发

28℃发酵30分钟。

▼整形

将面团搓成水滴状，擀开，铺上6克青柠甜奶油，卷起。

▼二次发酵

30℃发酵35~40分钟。

▼烤制

表面装饰蝶豆花瓣，上火230℃、下火190℃烤制约14分钟。

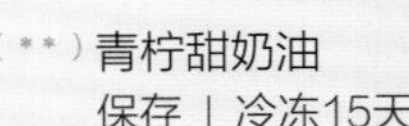

（**）青柠甜奶油

保存 | 冷冻15天

▶材料

发酵奶油…300克
糖粉…50克
炼乳…20克
绿柠檬皮屑…3克

▶做法

奶油软化，与糖粉拌匀，依序加入炼乳及绿柠檬皮屑拌匀，再塑成片状，冷却后再切成条状（每条约6克）即可使用，或包覆后冷冻保存。

- 蝶豆花又称蓝豆，含丰富花青素，可作为面团天然食物染色剂，特别之处在于不同温度或融入不同酸碱度的食材，其色泽会有深浅不一或变成另一色的现象。

做法 STEP BY STEP

1 蝶豆花液种制作

材料A搅拌均匀（建议发酵种温度26℃），放入密封容器，于28℃发酵80分钟，再于5℃冷藏12~16小时。

2 搅拌制程

材料B与发酵种放入搅拌缸，以低速搅拌成团，转中速搅拌至面团表面稍平整，再加入材料C搅拌至8分筋力（薄膜呈雾面，裂口切面呈微锯齿状），面团终温26℃。

3 一次发酵

面团于28℃发酵50分钟。

4 分割、醒发

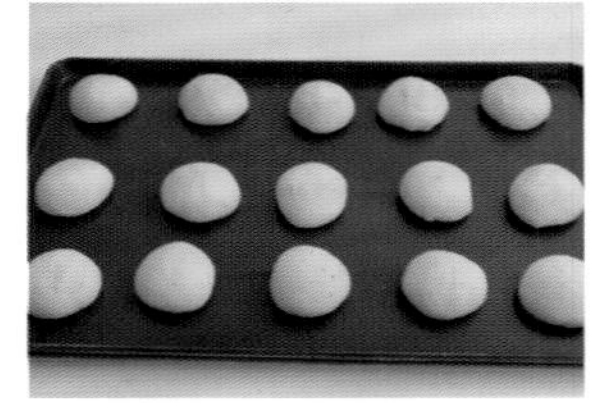

发酵好的面团分割成每个50克，共20个，分别折叠后收圆。将分割好的面团于28℃发酵30分钟。

5 整形、二次发酵

喷油脂

桌面可先喷上薄薄的油脂，有助于烤制时面团舒张，层次也较易呈现。

卷起

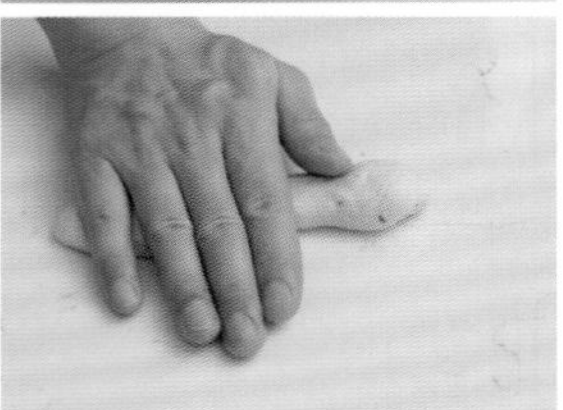

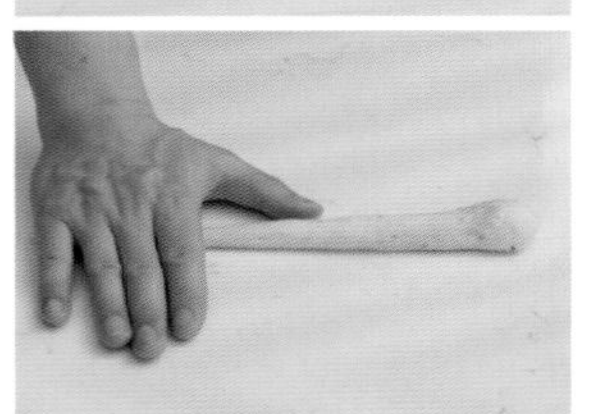

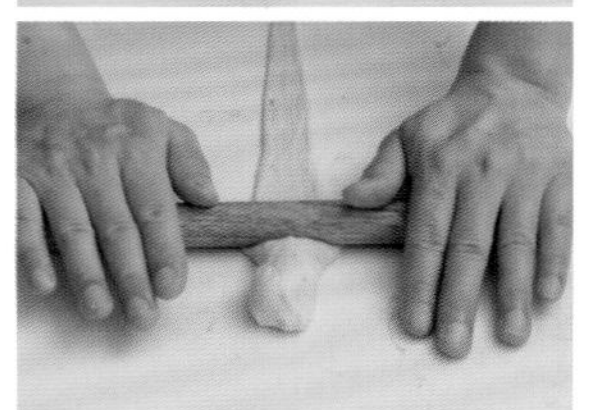

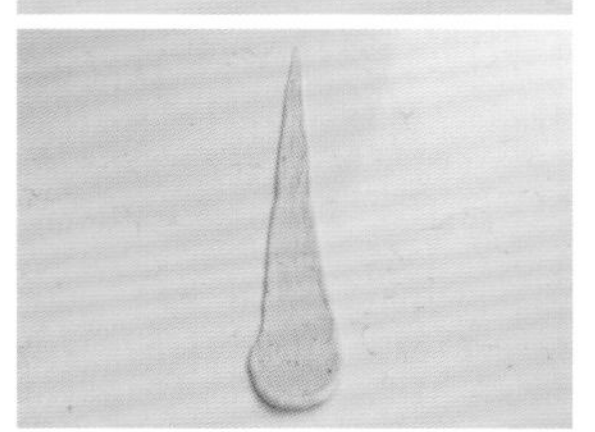

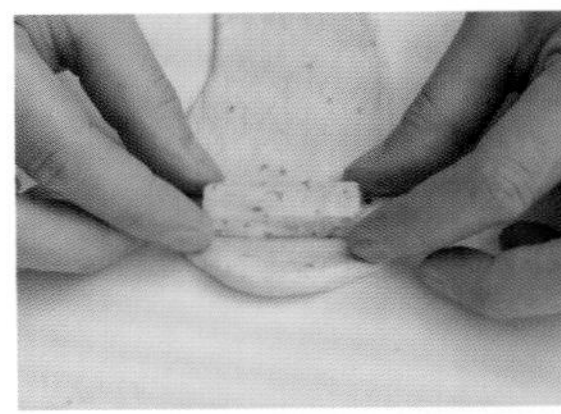
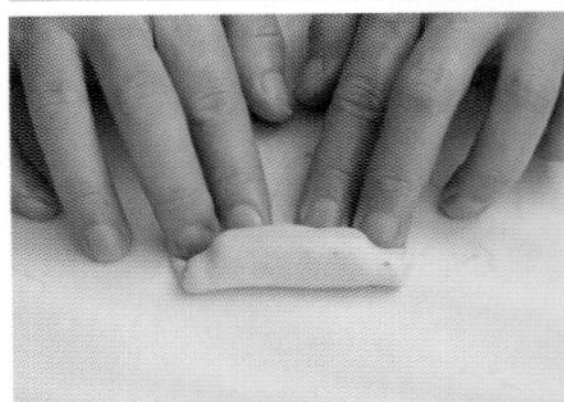
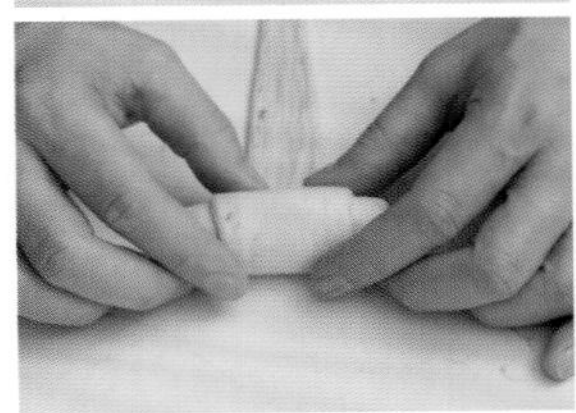

面团底部先对折黏合，将面团搓成约18厘米长的水滴状，一手轻拉尾端，先从中间朝下擀压，再从中间朝上擀成厚薄一致的扁平水滴状（长40～45厘米），铺上6克青柠甜奶油，顺势卷起。

发酵

整形好的面团收口朝下放入烤盘，共完成20个，于30℃发酵35～40分钟。

6 烤制

面团表面装饰适量蝶豆花瓣，放入烤箱，用上火230℃、下火190℃，烤制约14分钟，出炉后移至干净置凉架冷却，避免产品回吸原烤盘上所溢出的油脂。

焙烧小麦盐可颂

Quantity 分量 | 20 个

材料 INGREDIENTS

冷藏液种	百分比（%）	重量（克）
A T55 面粉	25	173
焙煎全麦粉（*）	5	35
海盐	0.1	1
低糖酵母	0.2	1
水	34	235
主面团	**百分比（%）**	**重量（克）**
B 法国面粉	40	276
高筋面粉	30	207
细砂糖	5	35
海盐	1.8	12
低糖酵母	1	7
水	35	242
C 发酵奶油	4	28
合计	181.1%	1252 克

其他材料 OTHERS

发酵奶油、黑盐

（*）焙煎全麦粉

以焙煎技术使小麦呈现浓郁香气及色泽，粗磨小麦粉的特性保留了食物矿物质及膳食纤维，可使产品展现浓郁麦香风味。

基本工序 PROCESS

冷藏液种制作

材料A拌匀，建议种温26℃，28℃发酵80分钟，再于5℃冷藏12～16小时。

搅拌制程

材料B与发酵种低速搅拌成团，中速搅拌至面团表面微光滑，加入材料C，搅拌至8分筋力（裂口切面呈微锯齿状），终温26℃。

一次发酵

28℃发酵50分钟。

分割

60克，折叠收圆。

醒发

28℃发酵30分钟。

整形

将面团搓成水滴状，擀开，铺上5克发酵奶油，卷起。

二次发酵

30℃发酵35～40分钟。

烤制

表面装饰黑盐，上火230℃、下火190℃烤制约14分钟。

做法 STEP BY STEP

1 冷藏液种制作

材料A搅拌均匀（建议发酵种温度26℃），放入密封容器，于28℃发酵80分钟，再于5℃冷藏12~16小时。

2 搅拌制程

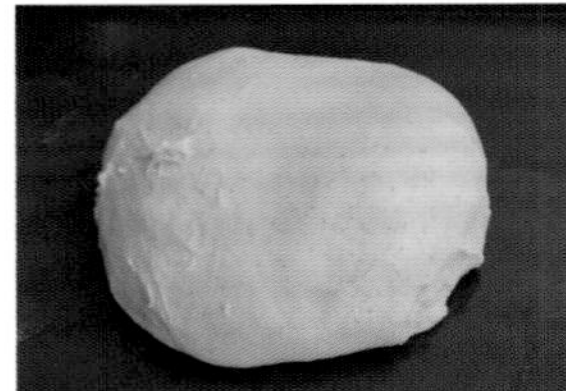

材料B与发酵种放入搅拌缸，以低速搅拌成团，转中速搅拌至面团表面稍平整，再加入材料C搅拌至8分筋力（薄膜呈雾面，裂口切面呈微锯齿状），面团终温26℃。

3 一次发酵

面团于28℃发酵50分钟。

4 分割、醒发

发酵好的面团分割成每个60克，共20个，分别折叠后收圆。将分割好的面团于28℃发酵30分钟。

5 整形、二次发酵

喷油脂

桌面可先喷上薄薄的油脂，有助于烤制时面团舒张，层次也较易呈现。

卷起

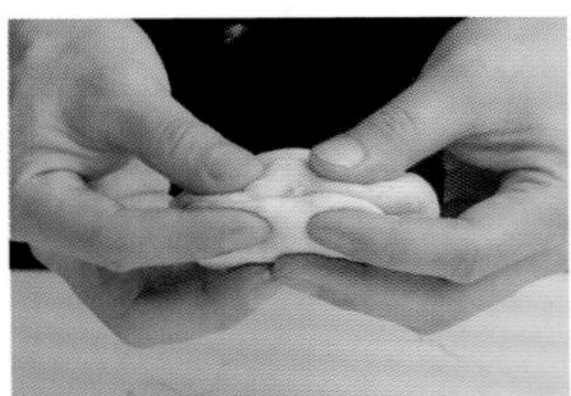

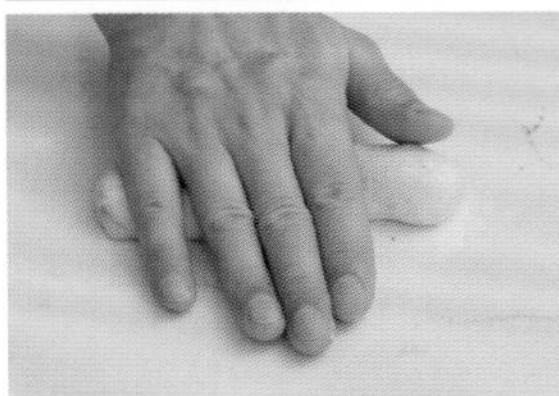

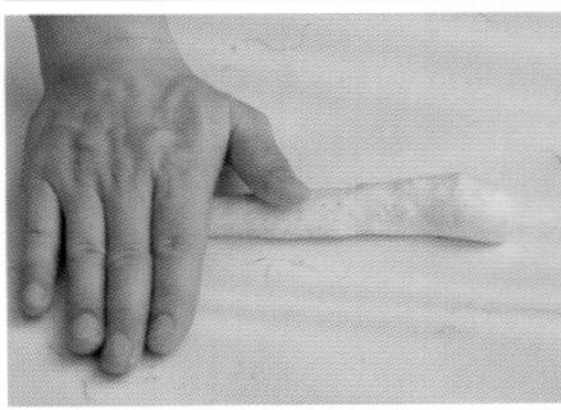

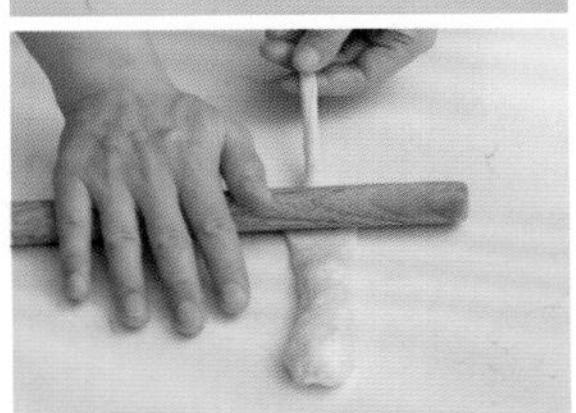

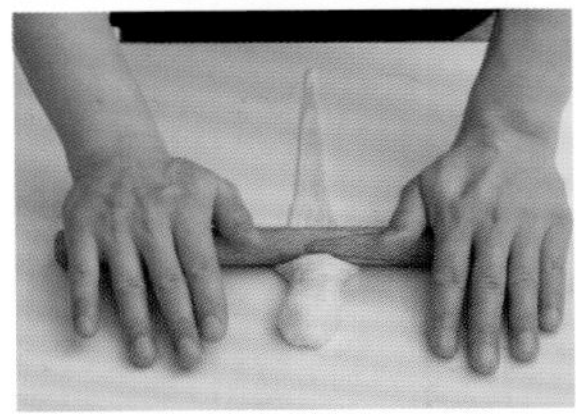

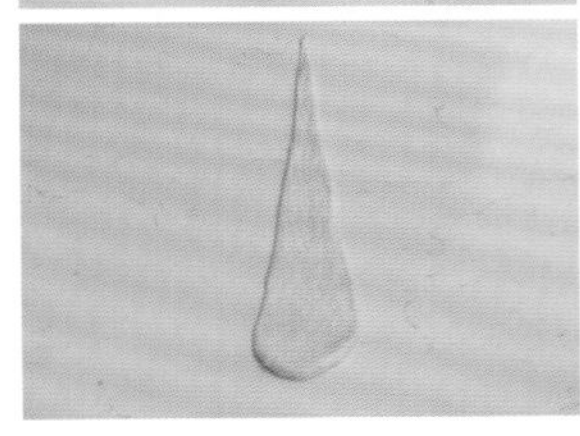

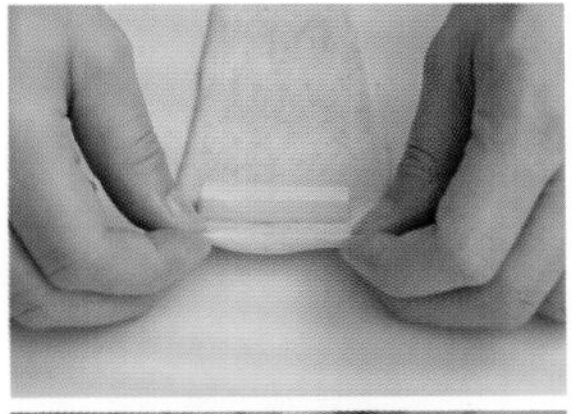

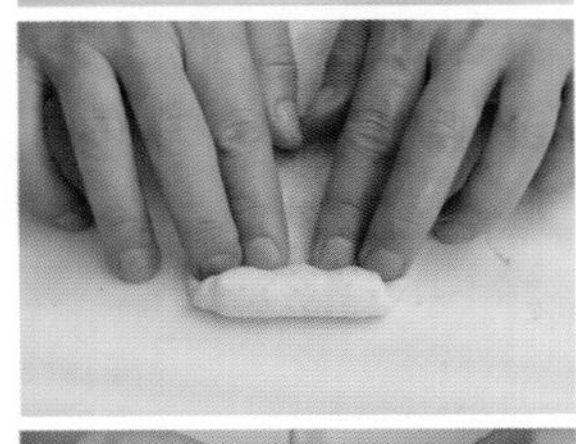

面团底部先对折黏合，将面团搓成约18厘米长的水滴状，一手轻拉尾端，先从中间朝下擀压，再从中间朝上擀成厚薄一致的扁平水滴状（长40~45厘米），铺上5克发酵奶油，顺势卷起。

发酵

整形好的面团收口朝下放入烤盘，共完成20个，于30℃发酵35~40分钟。

6 烤制

面团表面装饰适量黑盐，放入烤箱，用上火230℃、下火190℃，烤制约14分钟，出炉后移至干净置凉架冷却，避免产品回吸原烤盘上所溢出的油脂。

番茄酸豆橄榄盐可颂

Quantity 分量 | 20 个

材料 INGREDIENTS

番茄液种	百分比（%）	重量（克）
A 高筋面粉	30	195
海盐	0.1	1
低糖酵母	0.2	1
100%番茄汁	38	247

主面团	百分比（%）	重量（克）
B 高筋面粉	70	455
细砂糖	6	39
海盐	1.5	10
低糖酵母	1	7
100%番茄汁	21	137
C 酸豆橄榄酱（*）	23	150
黑胡椒粗粒	0.8	5
合计	191.6%	1247克

其他材料 OTHERS

发酵奶油、黑橄榄

基本工序 PROCESS

番茄液种制作

材料A拌匀，建议种温26℃，28℃发酵80分钟，再于5℃冷藏12~16小时。

搅拌制程

材料B与发酵种低速搅拌成团，中速搅拌至面团表面微光滑，加入材料C，搅拌至8分筋力（裂口切面呈微锯齿状），终温26℃。

一次发酵

28℃发酵50分钟。

分割

60克，折叠收圆。

醒发

28℃发酵30分钟。

整形

将面团搓成水滴状，擀开，铺上5克发酵奶油，卷起。

二次发酵

30℃发酵35~40分钟。

烤制

表面装饰黑橄榄，上火230℃、下火190℃烤制约15分钟。

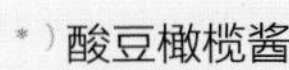

（*）酸豆橄榄酱

材料	百分比（%）	重量（克）
酸豆（水瓜榴）	8	52
去籽黑橄榄碎	10	65
橄榄油	5	33

▶做法

所有材料拌匀，浸渍一夜即可。

- 酸豆带有强烈的咸、酸和植物本身的香气，非常适合当作调味料；黑橄榄有强烈风味，也是烹调时非常普遍的调味食材之一。将这两种食材与橄榄油融合浸渍，使其互相渗透进行气味转换，达到平衡点后再加入面团中，保有各自风味却不违和，反而展现出协调的口感。

做法 STEP BY STEP

1 番茄液种制作

材料A搅拌均匀（建议发酵种温度26℃），放入密封容器，于28℃发酵80分钟，再于5℃冷藏12~16小时。

2 搅拌制程

材料B与发酵种放入搅拌缸，以低速搅拌成团，转中速搅拌至面团表面稍平整，再加入材料C搅拌至8分筋力（薄膜呈雾面，裂口切面呈微锯齿状），面团终温26℃。

3 一次发酵

面团于28℃发酵50分钟。

4 分割、醒发

卷成长圆柱

发酵好的面团分割成每个60克，共20个，分别折叠后收圆。将分割好的面团于28℃发酵30分钟。

5 整形、二次发酵

喷油脂

桌面可先喷上薄薄的油脂，有助于烤制时面团舒张，层次也较易呈现。

卷起

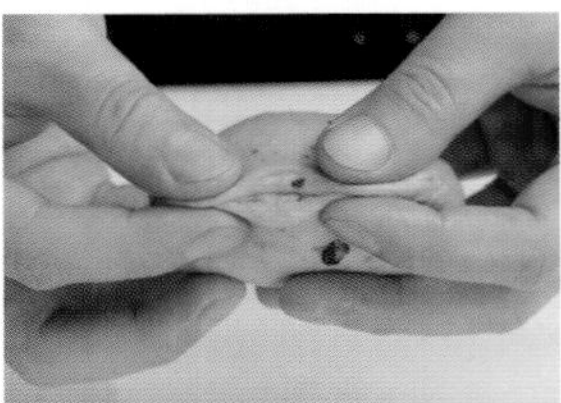

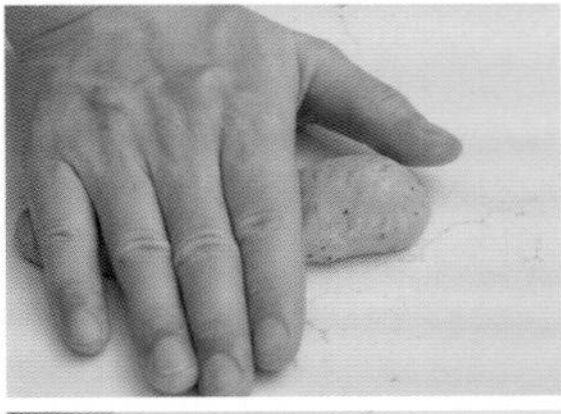

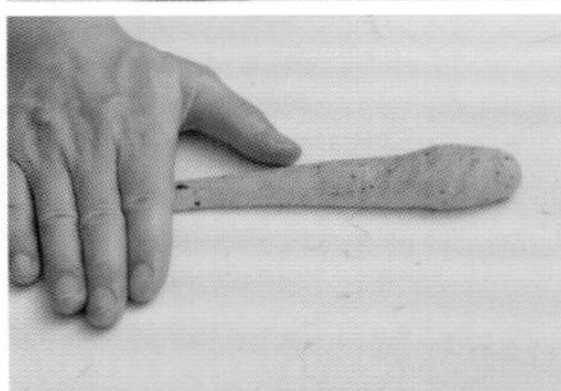

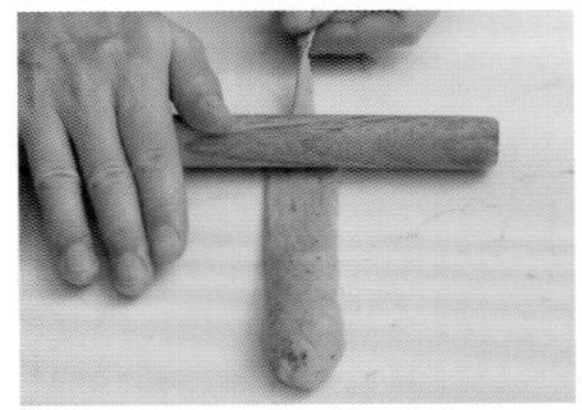

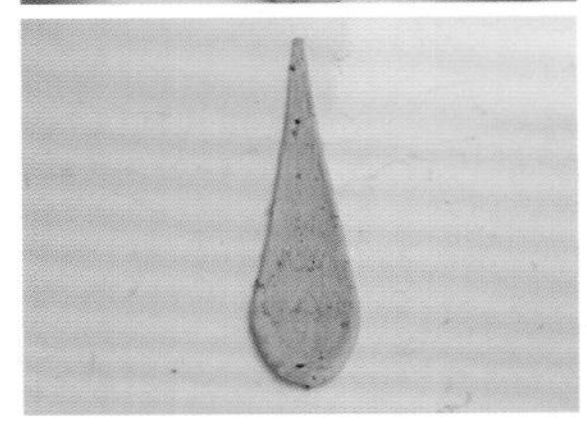

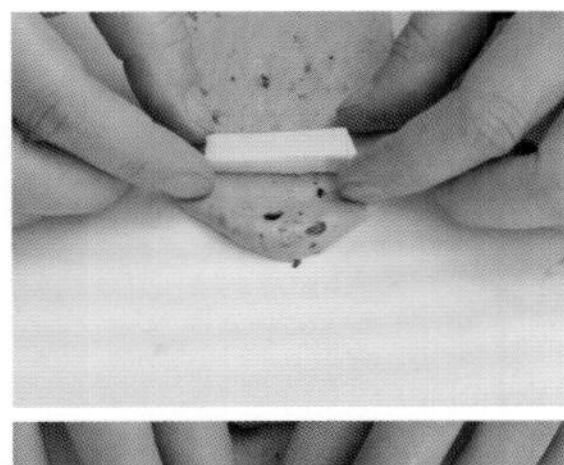

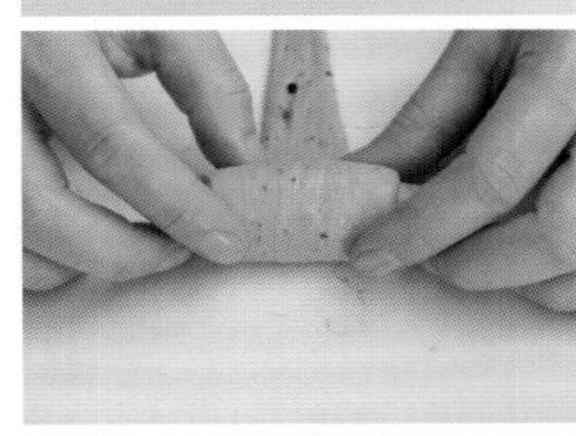

面团底部先对折黏合，将面团搓成约18厘米长的水滴状，一手轻拉尾端，先从中间朝下擀压，再从中间朝上擀成厚薄一致的扁平水滴状（长40～45厘米），铺上5克发酵奶油，顺势卷起。

发酵

整形好的面团收口朝下放入烤盘，共完成20个，于30℃发酵35～40分钟。

6 烤制

面团表面装饰黑橄榄，放入烤箱，用上火230℃、下火190℃，烤制约15分钟，出炉后移至干净置凉架冷却，避免产品回吸原烤盘上所溢出的油脂。

紫妍桑葚盐可颂

Quantity 分量 | 20 个

材料 INGREDIENTS

冷藏液种	百分比（%）	重量（克）
A 法国面粉	30	198
海盐	0.1	1
低糖酵母	0.2	1
水	30	198

主面团	百分比（%）	重量（克）
B 高筋面粉	70	448
细砂糖	4	26
海盐	1.2	8
低糖酵母	1	6
水	24	154
新鲜桑葚（*）	15	96
桑葚酱（*）	15	96
C 发酵奶油	6	38
合计	196.5%	1258 克

其他材料 OTHERS

桑葚酱（*）、发酵奶油、2号珍珠糖

（*）桑葚酱、新鲜桑葚

桑葚俗称桑子，含丰富花青素，营养价值高，带有明显的酸甜口感，与面团结合能提升风味及视觉效果。桑葚在面团染色及风味呈现上具有一定效果，属于面包面团的最佳搭配材料之一。

基本工序 PROCESS

冷藏液种制作

材料A拌匀，建议种温26℃，28℃发酵80分钟，再于5℃冷藏12～16小时。

搅拌制程

材料B与发酵种低速搅拌成团，中速搅拌至面团表面微光滑，加入材料C，搅拌至8分筋力（裂口切面呈微锯齿状），终温26℃。

一次发酵

28℃发酵50分钟。

分割

60克，折叠收圆。

醒发

28℃发酵30分钟。

整形

将面团搓成水滴状，擀开，先抹上桑葚酱，再铺上5克发酵奶油，卷起。

二次发酵

30℃发酵35～40分钟。

烤制

表面装饰2号珍珠糖，上火230℃、下火190℃烤制约15分钟。

做法 STEP BY STEP

1 冷藏液种制作

材料A搅拌均匀（建议发酵种温度26℃），放入密封容器，于28℃发酵80分钟，再于5℃冷藏12~16小时。

2 搅拌制程

材料B与发酵种放入搅拌缸，以低速搅拌成团，转中速搅拌至面团表面稍平整，再加入材料C搅拌至8分筋力（薄膜呈雾面，裂口切面呈微锯齿状），面团终温26℃。

3 一次发酵

面团于28℃发酵50分钟。

4 分割、醒发

发酵好的面团分割成每个60克，共20个，分别折叠后收圆。将分割好的面团于28℃发酵30分钟。

5 整形、二次发酵

喷油脂

桌面可先喷上薄薄的油脂，有助于烤制时面团舒张，层次也较易呈现。

卷起

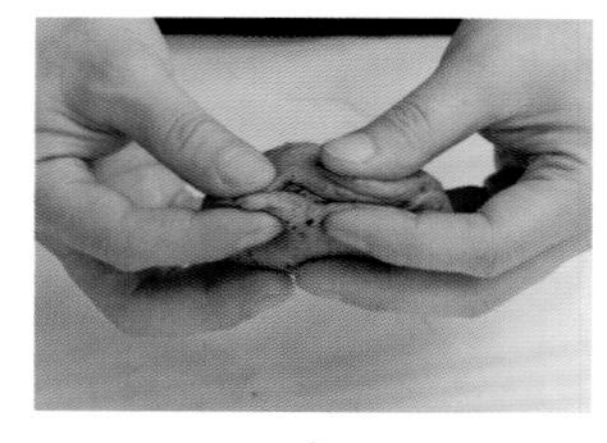

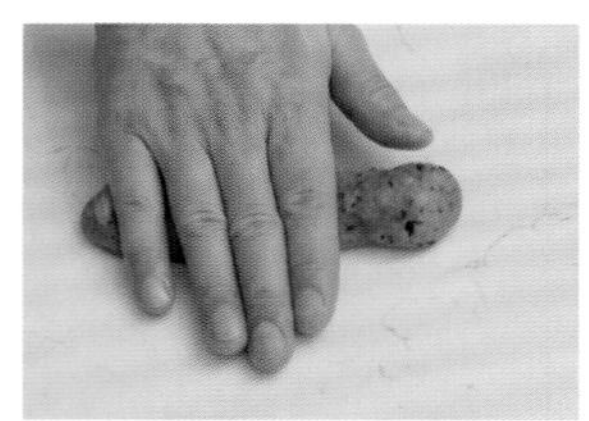

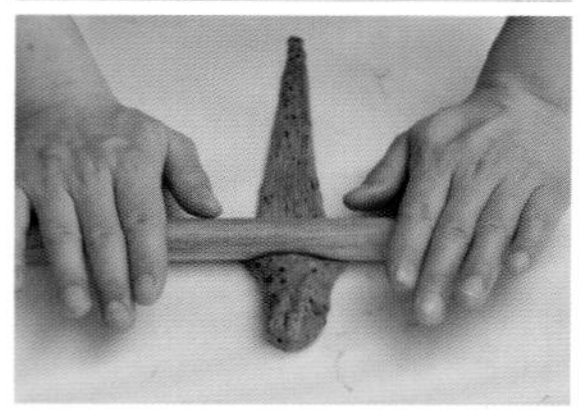

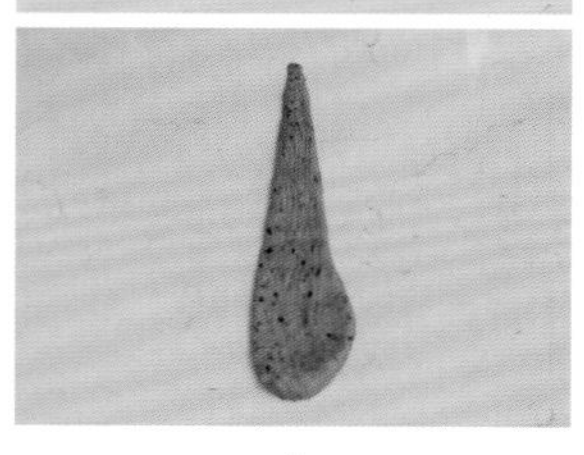

面团底部先对折黏合，将面团搓成约18厘米长的水滴状，一手轻拉尾端，先从中间朝下擀压，再从中间朝上擀成厚薄一致的扁平水滴状（长40~45厘米）。

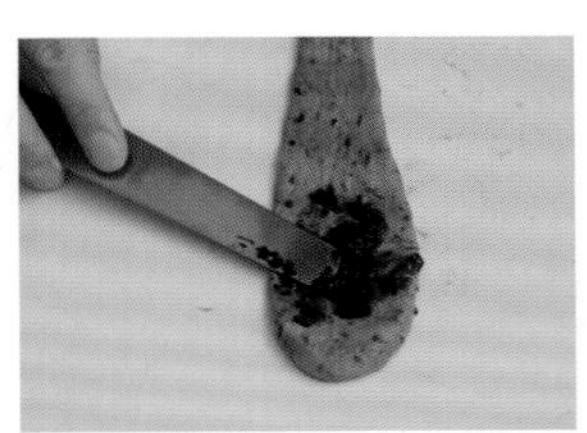
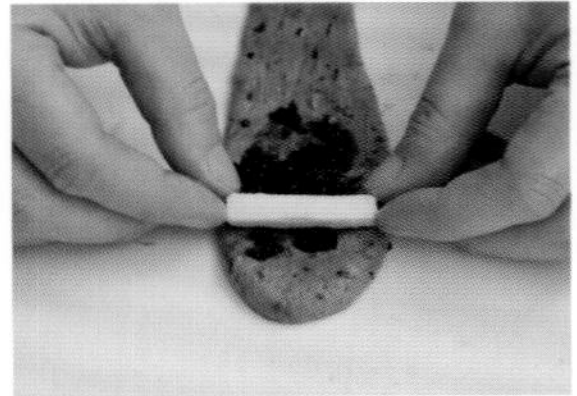
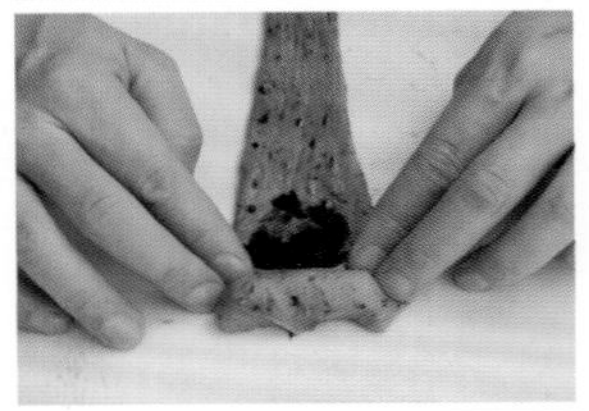

先抹上桑葚酱，再铺上5克发酵奶油，顺势卷起。

发酵

整形好的面团收口朝下放入烤盘，共完成20个，于30℃发酵35～40分钟。

6 烤制

面团表面装饰适量2号珍珠糖，放入烤箱，用上火230℃、下火190℃，烤制约15分钟，出炉后移至干净置凉架冷却，避免产品回吸原烤盘上所溢出的油脂。

芝麻盐可颂

Quantity 分量 | 20个

(*)芝麻奶油

材料	百分比(%)	重量(克)
发酵奶油	5	27
芝麻油	2	11
芝麻粉	4	22

▶做法

奶油与芝麻油隔水加热，将其油脂加热至80℃与芝麻粉拌匀，冷却后即可使用。

- 黑芝麻粉以一般搅拌方式直接与面团结合，面团起缸后会感觉面团稍沉重、较无弹性，发酵张力也偏弱，这是芝麻粉的油脂及多种微量矿物质所产生的影响，故配方中对油脂进行加热，以降低其对面团的破坏性。 
- 添加芝麻油可使芝麻香气能够更浓郁凸显。

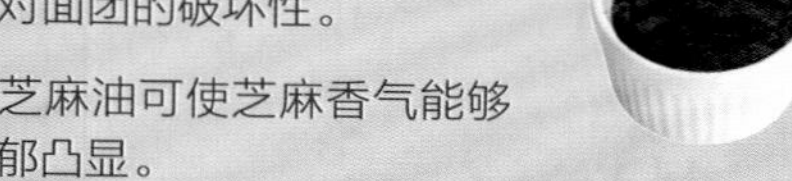

材料 INGREDIENTS

冷藏液种	百分比（%）	重量（克）
A 法国面粉	30	162
海盐	0.1	1
低糖酵母	0.2	1
水	30	162
主面团	**百分比（%）**	**重量（克）**
B 法国面粉	10	54
高筋面粉	60	324
细砂糖	8	43
海盐	1.5	8
低糖酵母	1	5
水	40	216
C 芝麻奶油（*）	11	59
黑芝麻粒	2	11
合计	193.8%	1046 克

其他材料 OTHERS

芝麻甜奶油（**）、黑芝麻粒

（**）芝麻甜奶油
保存 | 冷冻15天

▶材料

发酵奶油…300克
糖粉…30克
炼乳…20克
芝麻粉…30克

▶做法

奶油软化，与糖粉拌匀，依序加入炼乳及芝麻粉拌匀，再塑成片状，冷却后再切成条状（每条约6克）即可，或包覆后冷冻保存。

基本工序 PROCESS

▼冷藏液种制作

材料A拌匀，建议种温26℃，28℃发酵80分钟，再于5℃冷藏12～16小时。

▼搅拌制程

材料B与发酵种低速搅拌成团，中速搅拌至面团表面微光滑，加入材料C，搅拌至8分筋力（裂口切面呈微锯齿状），终温26℃。

▼一次发酵

28℃发酵50分钟。

▼分割

50克，折叠收圆。

▼醒发

28℃发酵30分钟。

▼整形

将面团搓成水滴状，擀开，铺上6克芝麻甜奶油，卷起。

▼二次发酵

30℃发酵35～40分钟。

▼烤制

表面装饰黑芝麻粒，上火230℃、下火190℃烤制约14分钟。

做法 STEP BY STEP

1 冷藏液种制作

材料A搅拌均匀（建议发酵种温度26℃），放入密封容器，于28℃发酵80分钟，再于5℃冷藏12～16小时。

2 搅拌制程

材料B与发酵种放入搅拌缸，以低速搅拌成团，转中速搅拌至面团表面稍平整，再加入材料C搅拌至8分筋力（薄膜呈雾面，裂口切面呈微锯齿状），面团终温26℃。

3 一次发酵

面团于28℃发酵50分钟。

4 分割、醒发

发酵好的面团分割成每个50克，共20个，分别折叠后收圆。将分割好的面团于28℃发酵30分钟。

5 整形、二次发酵

喷油脂

桌面可先喷上薄薄的油脂，有助于烤制时面团舒张，层次也较易呈现。

卷起

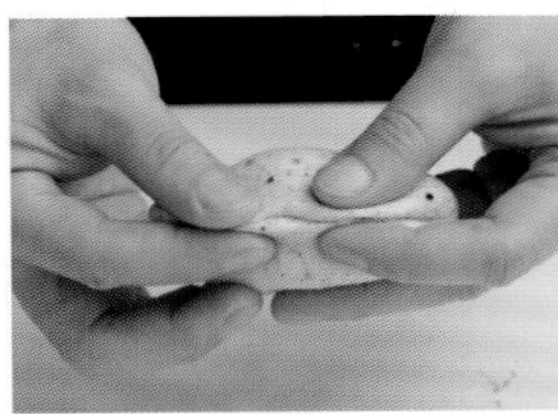
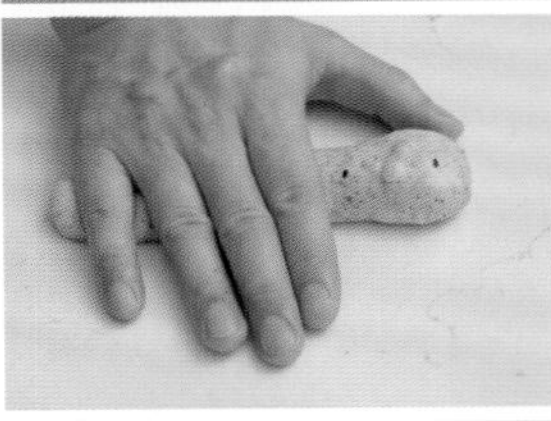
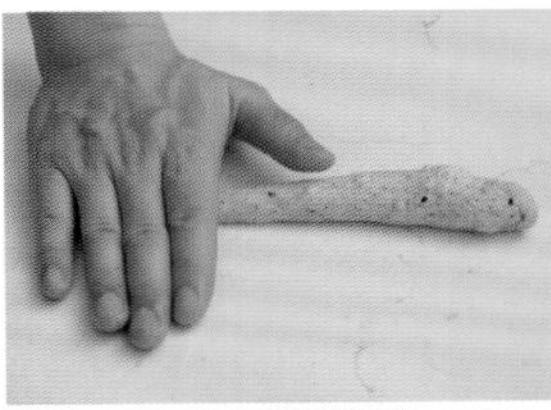
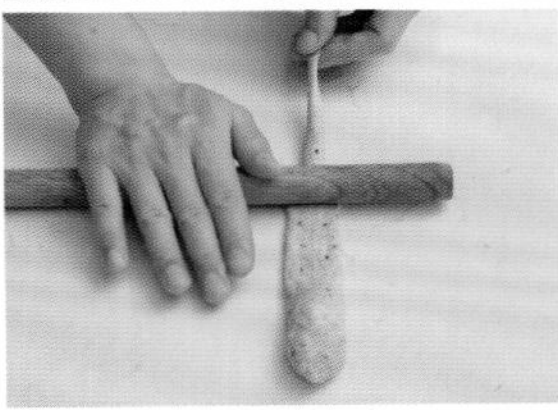

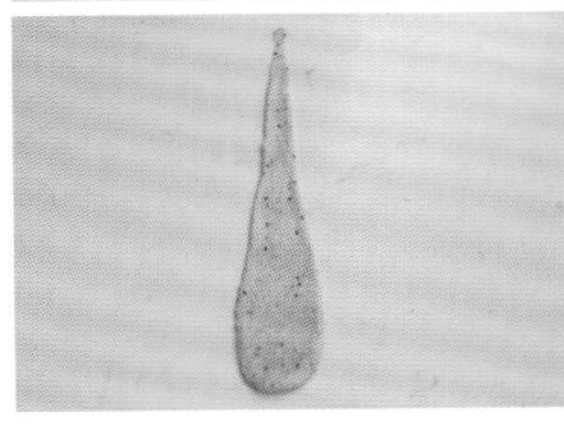

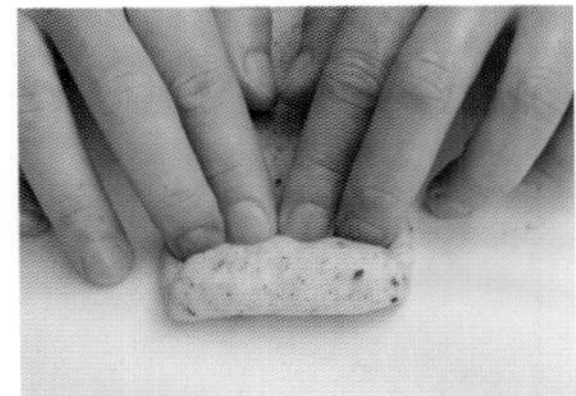

面团底部先对折黏合，将面团搓成约18厘米长的水滴状，一手轻拉尾端，先从中间朝下擀压，再从中间朝上擀成厚薄一致的扁平水滴状（长40～45厘米），铺上6克芝麻甜奶油，顺势卷起。

发酵

整形好的面团收口朝下放入烤盘，共完成20个，于30℃发酵35～40分钟。

6 烤制

面团表面装饰适量黑芝麻粒，放入烤箱，用上火230℃、下火190℃，烤制约14分钟，出炉后移至干净置凉架冷却，避免产品回吸原烤盘上所溢出的油脂。

双色白兰地巧克力甜可颂

Quantity 分量 | 20个

（＊）可可酱

材料	百分比（%）	重量（克）
可可粉	2	12
80℃水	3	17

▶做法

所有材料拌匀，冷却。

材料 INGREDIENTS

冷藏液种	百分比（%）	重量（克）
A 法国面粉	30	174
海盐	0.1	1
低糖酵母	0.2	1
水	30	174
主面团	**百分比（%）**	**重量（克）**
B 法国面粉	50	290
高筋面粉	20	116
细砂糖	4	23
海盐	1.2	7
低糖酵母	1	6
水	35	203
C 发酵奶油	4	23
D 可可酱（*）	5	29
合计	180.5%	1047 克

其他材料 OTHERS

白兰地生巧克力（**）、2号珍珠糖

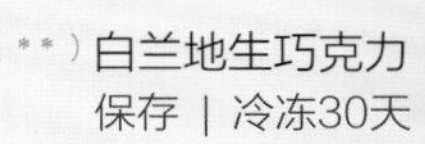

（**）白兰地生巧克力
保存 | 冷冻30天

▶材料

60%～70%黑巧克力…200克
动物性鲜奶油…60克
发酵奶油…20克
白兰地…10克

▶做法

鲜奶油与巧克力隔水加热融化，加入软化的发酵奶油及白兰地拌匀，塑形成片状，冷却后再切成条状（每条约8克）即可。

基本工序 PROCESS

冷藏液种制作

材料A拌匀，建议种温26℃，28℃发酵80分钟，再于5℃冷藏12～16小时。

搅拌制程

材料B与发酵种低速搅拌成团，中速搅拌至面团表面微光滑，加入材料C，搅拌至8分筋力（裂口切面呈微锯齿状）。

面团分割成2份，1份与材料D搅拌均匀，终温26℃。

一次发酵

28℃发酵50分钟。

分割

黑白面团各分割成25克，折叠收圆。

醒发

28℃发酵30分钟。

整形

将黑白面团搓成水滴状，交错后搓成双色水滴状，擀开，铺上8克白兰地生巧克力，卷起。

二次发酵

30℃发酵40分钟。

烤制

表面装饰2号珍珠糖，上火230℃、下火190℃烤制约14分钟。

做法 STEP BY STEP

1 冷藏液种制作

材料A搅拌均匀（建议发酵种温度26℃），放入密封容器，于28℃发酵80分钟，再于5℃冷藏12~16小时。

2 搅拌制程

材料B与发酵种放入搅拌缸，以低速搅拌成团，转中速搅拌至面团表面稍平整，再加入材料C搅拌至8分筋力（薄膜呈雾面，裂口切面呈微锯齿状），取出面团分割成2份，1份与材料D搅拌均匀，面团终温26℃。

3 一次发酵

面团于28℃发酵50分钟。

4 分割、醒发

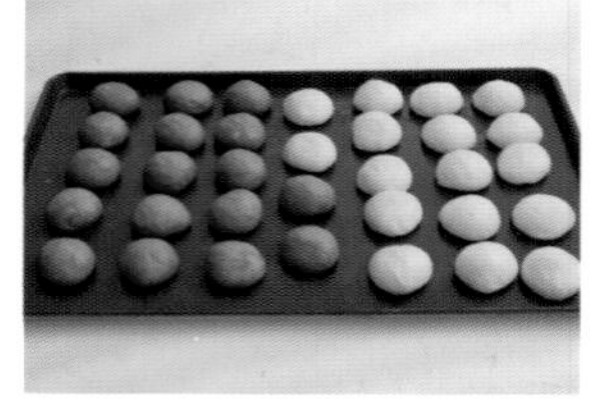

发酵好的黑白面团各分割成每个25克，共40个，分别折叠后收圆。将分割好的面团于28℃发酵30分钟。

5 整形、二次发酵

喷油脂

桌面可先喷上薄薄的油脂，有助于烤制时面团舒张，层次也较易呈现。

搓成双色

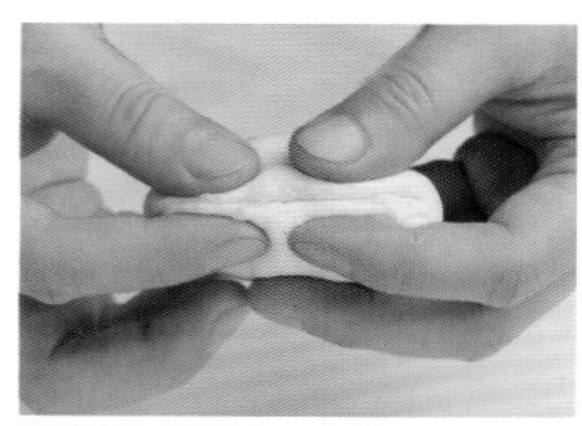

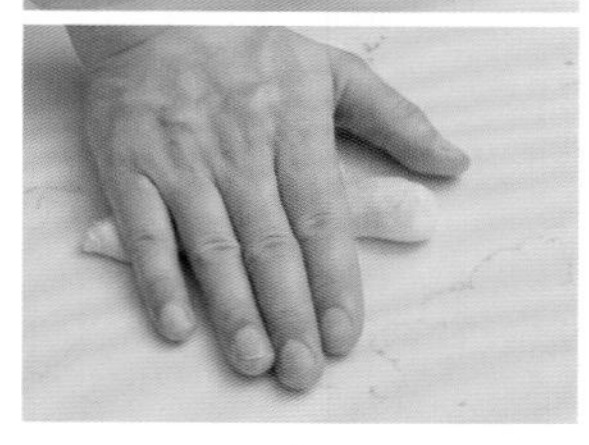

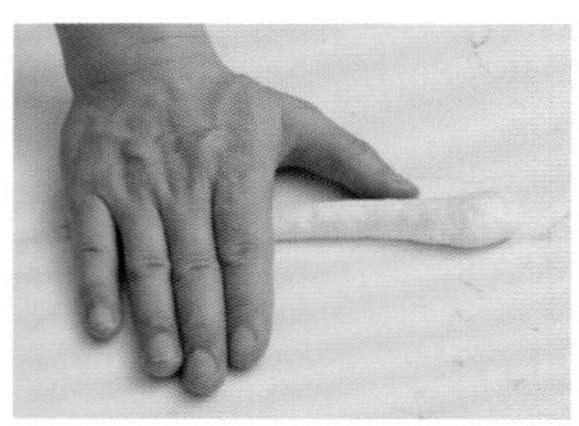

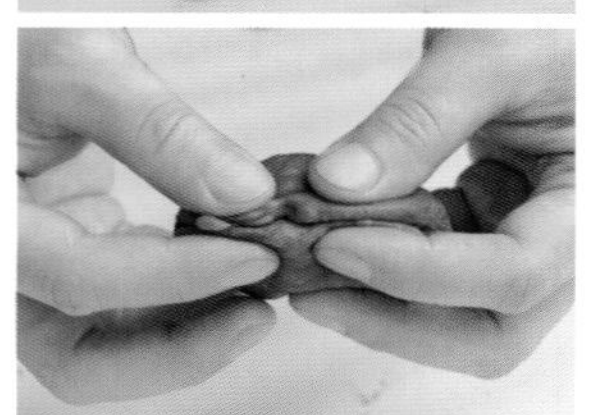

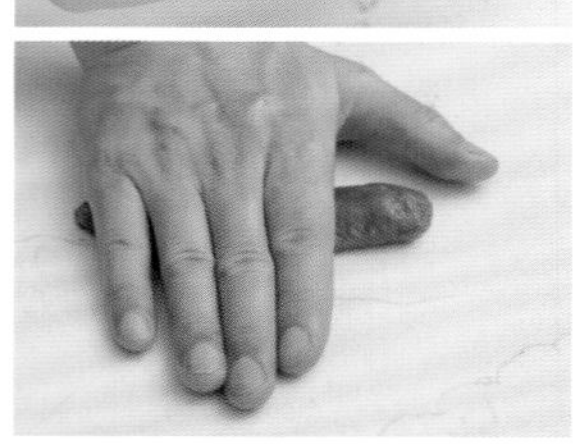

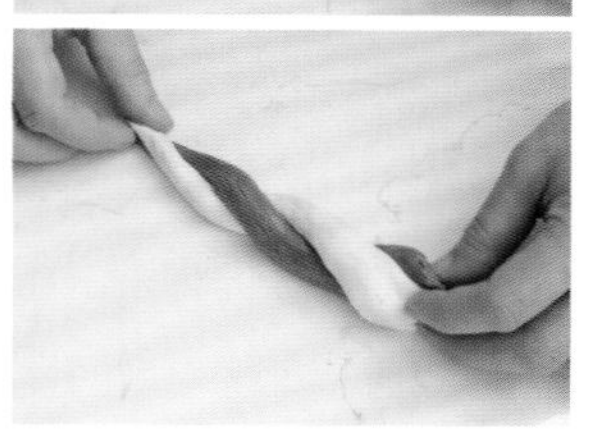

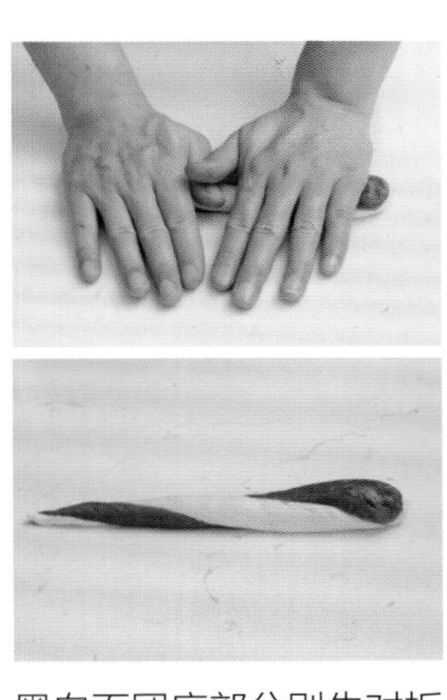

黑白面团底部分别先对折黏合，将面团搓成约18厘米长的水滴状，黑白面团交错，再搓成均匀的双色水滴状。

卷起

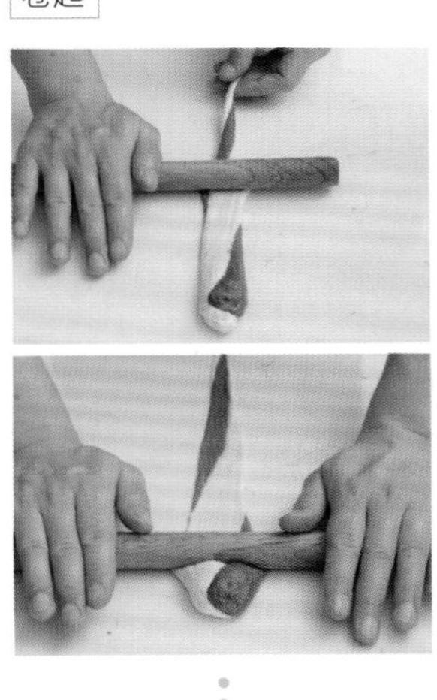

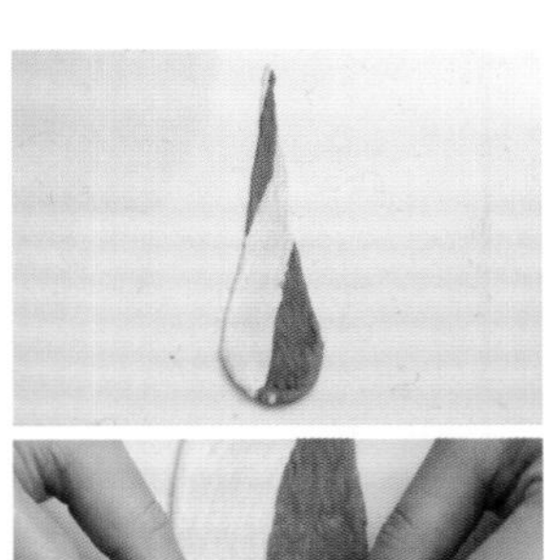

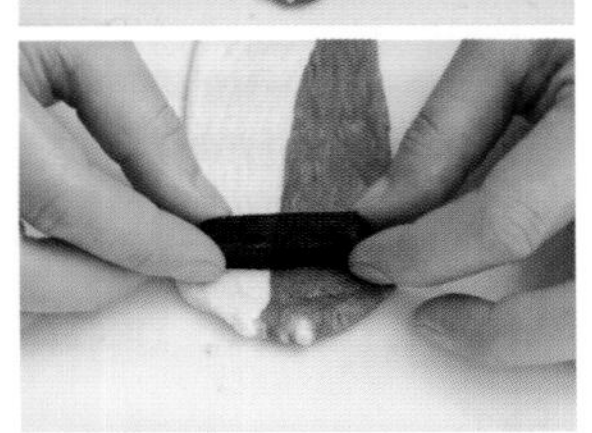

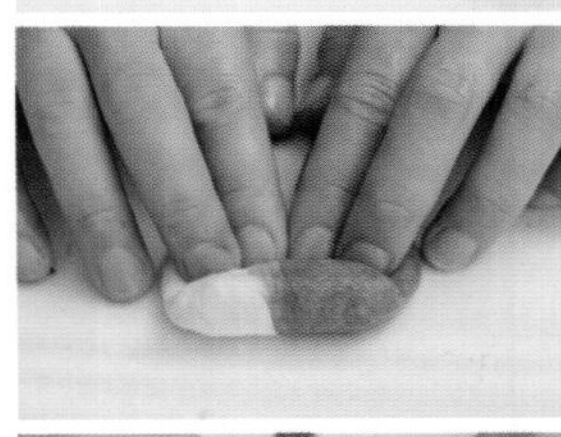

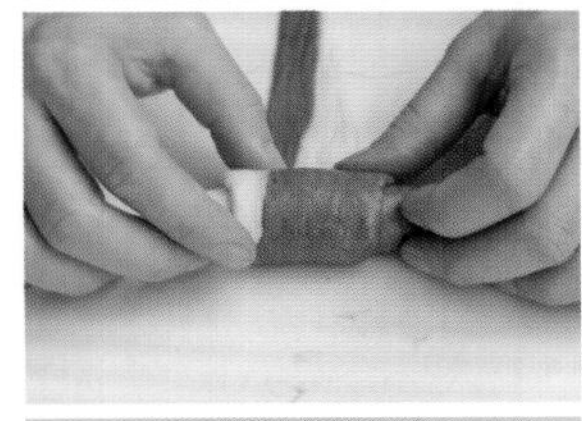

一手轻拉尾端，先从中间朝下擀压，再从中间朝上擀成厚薄一致的扁平水滴状（长40～45厘米），铺上8克白兰地生巧克力，顺势卷起。

发酵

整形好的面团收口朝下放入烤盘，共完成20个，于30℃发酵40分钟。

6 烤制

面团表面装饰适量2号珍珠糖，放入烤箱，用上火230℃、下火190℃，烤制约14分钟，出炉后移至干净置凉架冷却，避免产品回吸原烤盘上所溢出的油脂。

抹茶红豆甜可颂

Quantity 分量 | 20 个

材料 INGREDIENTS

冷藏液种	百分比（%）	重量（克）
A 法国面粉	30	168
海盐	0.1	1
低糖酵母	0.2	1
水	30	168

主面团	百分比（%）	重量（克）
B 法国面粉	30	168
高筋面粉	40	224
细砂糖	6	34
海盐	1.5	8
低糖酵母	1	6
水	33	185
炼乳	5	28
C 发酵奶油	6	34
抹茶酱（*）	6	34
合计	188.8%	1059 克

其他材料 OTHERS

发酵奶油、蜜红豆粒、2号珍珠糖

（*）抹茶酱

材料	百分比（%）	重量（克）
抹茶粉	2	11
65℃水	4	23

►做法

所有材料拌匀，冷却。

基本工序 PROCESS

冷藏液种制作

材料A拌匀，建议种温26℃，28℃发酵80分钟，再于5℃冷藏12~16小时。

搅拌制程

材料B与发酵种低速搅拌成团，中速搅拌至面团表面微光滑，加入材料C，搅拌至8分筋力（裂口切面呈微锯齿状），终温26℃。

一次发酵

28℃发酵50分钟。

分割

50克，折叠收圆。

醒发

28℃发酵30分钟。

整形

将面团搓成水滴状，擀开，依序铺上5克发酵奶油、蜜红豆粒，卷起。

二次发酵

30℃发酵35~40分钟。

烤制

表面装饰2号珍珠糖，上火230℃、下火190℃烤制约14分钟。

做法 STEP BY STEP

1 冷藏液种制作

材料A搅拌均匀（建议发酵种温度26℃），放入密封容器，于28℃发酵80分钟，再于5℃冷藏12~16小时。

2 搅拌制程

材料B与发酵种放入搅拌缸，以低速搅拌成团，转中速搅拌至面团表面稍平整，再加入材料C搅拌至8分筋力（薄膜呈雾面，裂口切面呈微锯齿状），面团终温26℃。

3 一次发酵

面团于28℃发酵50分钟。

4 分割、醒发

发酵好的面团分割成每个50克，共20个，分别折叠后收圆。将分割好的面团于28℃发酵30分钟。

5 整形、二次发酵

喷油脂

桌面可先喷上薄薄的油脂，有助于烤制时面团舒张，层次也较易呈现。

卷起

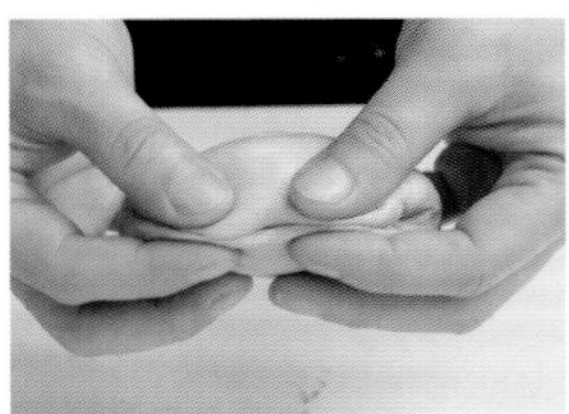

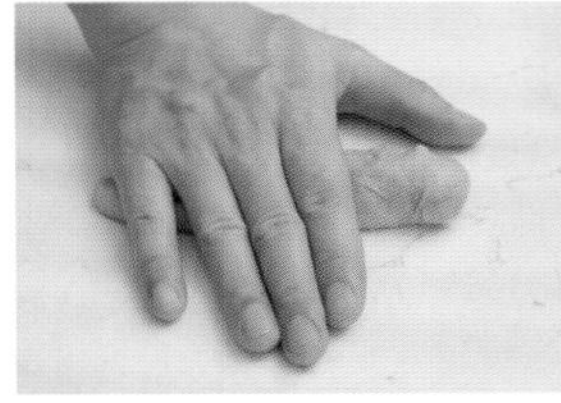

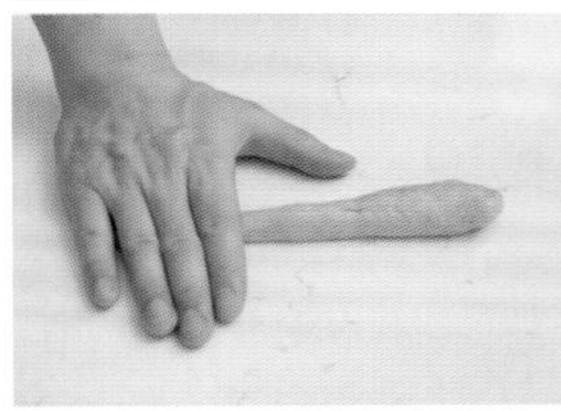

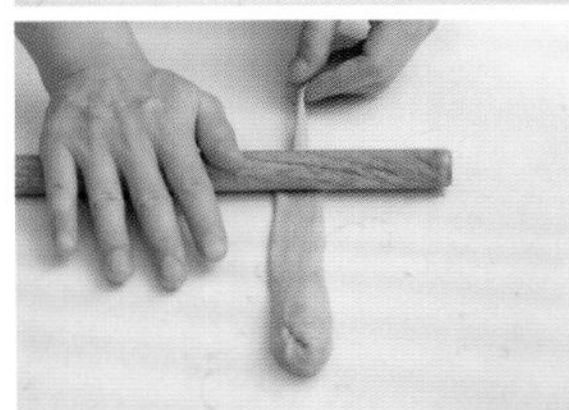

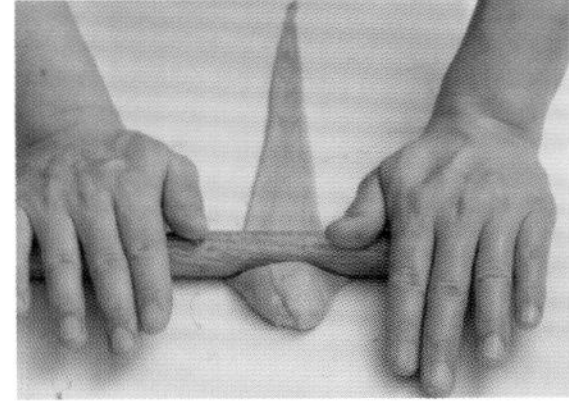

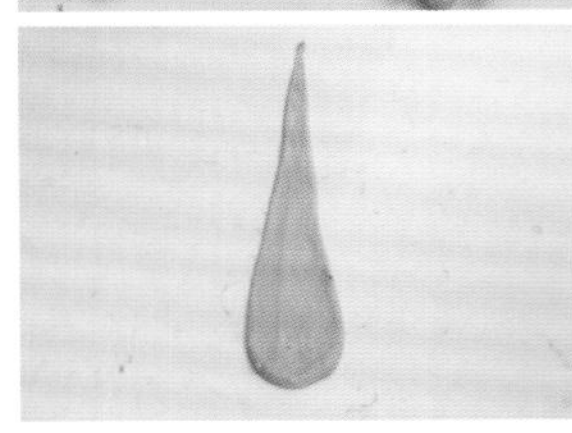

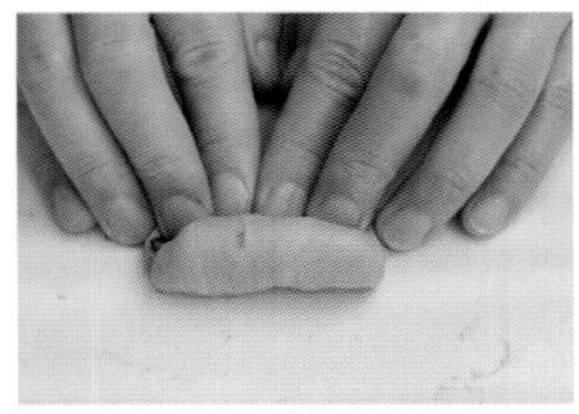

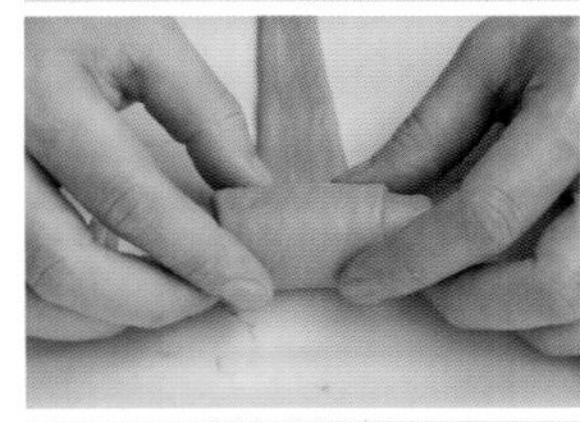

面团底部先对折黏合，将面团搓成约18厘米长的水滴状，一手轻拉尾端，先从中间朝下擀压，再从中间朝上擀成厚薄一致的扁平水滴状（长40～45厘米），依序铺上5克发酵奶油、蜜红豆粒，顺势卷起。

发酵

整形好的面团收口朝下放入烤盘，共完成20个，于30℃发酵35～40分钟。

6 烤制

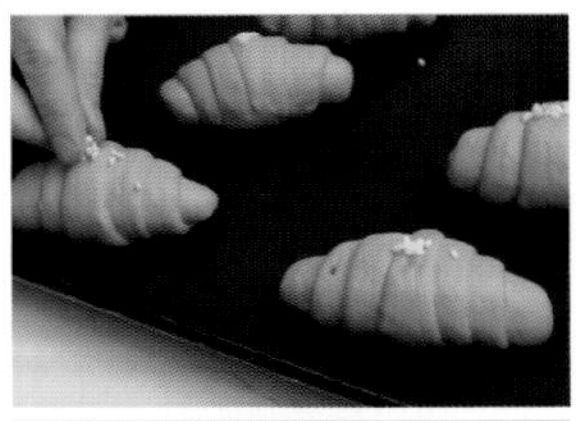

面团表面装饰适量2号珍珠糖，放入烤箱，用上火230℃、下火190℃，烤制约14分钟，出炉后移至干净置凉架冷却，避免产品回吸原烤盘上所溢出的油脂。

图书在版编目（CIP）数据

专业面包师的精选配方：面包的创新风味美学 / 张锡源著 . —北京：中国轻工业出版社，2023.1

ISBN 978-7-5184-3914-0

Ⅰ . ①专… Ⅱ . ①张… Ⅲ . ①面包—烘焙
Ⅳ . ① TS213.21

中国版本图书馆 CIP 数据核字（2022）第 044824 号

责任编辑：马　妍　武艺雪　　责任终审：白　洁　　整体设计：锋尚设计
策划编辑：马　妍　　责任校对：朱燕春　　责任监印：张　可

出版发行：中国轻工业出版社（北京东长安街6号，邮编：100740）
印　　刷：鸿博昊天科技有限公司
经　　销：各地新华书店
版　　次：2023年1月第1版第1次印刷
开　　本：787 × 1092　1/16　印张：15.25
字　　数：240千字
书　　号：ISBN　978-7-5184-3914-0　定价：88.00元
邮购电话：010-65241695
发行电话：010-85119835　传真：85113293
网　　址：http://www.chlip.com.cn
Email：club@chlip.com.cn
如发现图书残缺请与我社邮购联系调换
211039S1X101ZYW

Soft Toast

Chewy Bagel

Salted Butter Rolls